YOU ARE
WHAT
YOU WEAR
WHAT YOUR CLOTHES REVEAL ABOUT YOU

你穿对了吗？

女性衣着管理指南

〔美〕詹妮弗·鲍姆嘉特纳 / 著

高晓津 / 译

商务印书馆
The Commercial Press

目录
CONTENTS

内心的外化：
穿着心理学的探索之路

你有没有目睹过灾难式穿搭现场，甚至挠头自问："她脑子里究竟在想些什么啊？"这女孩明明已经减肥成功，为什么还继续穿着麻袋一样的运动套装？那位五十多岁的母亲，为什么穿着从女儿衣橱里搜刮出来的打底裤和迷你裙？如果你以为这些穿搭惨剧仅仅是因为缺乏时尚素养或是志不在此，那你就大大低估了穿衣之道所蕴含的深层意义了。穿着打扮，反映出我们的所思所感；衣橱混乱，往往是内心冲突在水面泛起的涟漪。

衣着是自我的延伸。它包裹着我们，同时向世界传递着我们的身份、个性、地域和时代特征。无论有意还是无意，当我们购买衣服、梳妆打扮来呈现最佳的自我时，都需要把自己的年龄、身材、文化和生活方式考虑在内。有些人协调一致，有些人奋力抗争。

　　如果一个人的体重分明已经有了变化，却继续按照过去的尺码买衣服，那就是在同自己的身材抗争。如果已经年方四十却还流连于少女服装店，或者明明芳龄十六却要在Chico's^①硬买一套熟女风及地连衣裙，那就是在同自己的年龄抗争。有些人工作时需要穿着正式，却终日与帽衫为伴；另一些人在工厂车间工作，却偏爱装饰繁杂的衣衫。这两类人，都没有充分考虑自己的生活方式。长期以来，内心的防御机制不断强化，购物的动作进一步夯实固有心理，导致人们在购物之前，就已经丧失冷静思考"衣服是否适合"的能力了。

　　衣着能展现的内心世界，可能远远超出了人们的想象。如果我们把衣橱想象成一种症候群的话，里面承载的每个物件，可能都是内心深处一次下意识抉择的结果。如果一位女性的衣橱里充满了邋遢而没有曲线的衣服，她也许正在为自己的体重感到自卑；或者是想用宽大的衣服来隐藏赘肉，掩盖羞耻，防止嘲讽；又或许，她只是因为懒得减肥健身，戒不掉垃圾食品，却又惮于直面，才选择这种风格；抑或，这样的衣橱属于一位忙于生活、无心装扮的母亲，即使有了时间，也不得不拿来面对摇摇欲坠的婚姻。

　　如果一位五十几岁的女性在衣橱里藏着件过于显嫩的衣服，那也许是在她偶然瞥见自己的皱纹和白发时，太过痛苦

---

①　译者注：美国成衣女装品牌，早期在佛罗里达州经营墨西哥民俗风格服装饰品，如今是美国成熟女性市场的知名品牌。

而买下的补偿；或者，因为无法完成眼前的念想，她抓住自己的青春不放。

而发生在现实中的案例，也许暗藏着比上述情况更加深刻的问题。有人是焦虑的囤积者，有人是成瘾的购物狂，还有人是抑郁的邋遢鬼。衣橱是通往内心的窗户：每个人都试图用穿着打扮来表达或隐藏些什么，但很少有人能够完全描述清楚自己想传达的信息，也无从定位这些行为模式和哀怨的根源。

如今，有许多造型师可以为你解决表面问题，例如化妆或是穿着铅笔裙等诸如此类的信息。作为一名心理学家，我志不在此，而是希望通过衣橱分析，和你共同审视穿着的主题，改变你过去对于衣着选择的理解以及未来对自我和自我形象的看法。在此过程中，我会将衣橱浓缩成自我的内核。你可以将这一过程想象成有人走进你的衣橱，端详你的衣服，诊断你潜在的内心问题（比如："这些松垮的衣服可以遮住我自己都不愿多看一眼的身体"）。设想一下，这位心理学家可以帮你消除症状（烧掉过大的嘻哈萝卜裤），发现问题的根源所在（青春期时曾因体型缺陷遭遇霸凌），并提供治疗方法（学着爱上穿牛仔裤的自己）。和在临床心理治疗中一样，我扮演的是客观的引导者，并最终赋能给你。穿着打扮是内心的外部呈现，因此，挖掘衣着选择的深层原因不仅能提升你的衣橱品位，更能让你重获新生。

探索的起点

~~

穿着是内心的外化，我是在观察外婆的衣橱时悟出这一点的。摩挲着每件衣衫、每双鞋子、每样首饰和每个提包，就好似翻阅她的日记，或翻看她的相册。你可以从她的衣橱中找到"她是何许人，生活在何处，与谁长相守，相知于何时"。在她的衣橱里待上一整天，可以层层深入挖掘出她的人生历程。

那些纽扣收藏，则是我关于外婆衣橱最难忘的记忆。这些承载了她人生故事的小东西，以其细节和光泽，令我目眩神迷。

彼时，我拿起一粒琥珀莱茵石纽扣问她："外婆，这是什么？"她把纽扣放在掌中转了转，迎着光照了照。

"我的母亲，也就是你的曾祖母，是一位裁缝。这颗纽扣是一位富有的顾客送给她的。在大萧条时期，这样奢侈的物件可是宝藏。"

"那这个呢？"我指着一颗硕大的棕色牛角扣问道。外婆告诉我，这是纽约梅西百货开业那天，她找到工作时穿的职业套装上的纽扣。"当时应聘的人都排到转角去了，但我的花呢毛领套装和棕色浅口鞋让我脱颖而出，当场就被录取了。"

我又递给她一颗巨大的黑色缟玛瑙多面扣。"这是我遇见你外公时，穿的那身衣服上的扣子。当时我去参加朋友的'花季16岁'生日派对。第一次见到你外公时，我就对闺蜜说，我一定会嫁给他。"

　　金属纽扣、玻璃纽扣……一颗颗散在外婆的床上，生根发芽，长出了她的人生故事，让人沉醉其中。以后每次去外婆家，我都会径直跑向衣橱，寻找更多关于她的点点滴滴。

　　自那天起，观察别人的衣橱，就成了我解析他人的重要方式。我并非草率地判断或简单地归类，而是寻找线索——他们穿着什么样式的衣服？如何搭配？规避什么样式？有什么规律？他们购买什么样的衣服？如何布置自己的衣橱？通过这些信息，我能够获得全面的视角。人类内部和外部机制之间的关联让我着迷。这促使我一边攻读临床心理学博士学位，还一边在拉夫·劳伦兼职做导购，偿还学生贷款。

　　我永远也不会忘记，在一个忙碌的周末，有位颇具魅力的四十多岁女性来到店里，计划添置圣诞派对的装扮。她几乎试遍了所有款式，最后得出的结论却是"全都不合适"。事实正相反，门店里的款式都很适合她。因而，我意识到，她的这种对一切都不满意的态度，和衣服本身毫无关联。经过一番询问后，我发觉她对自己的身份角色感到困惑，回答我的问题时，怀疑和沮丧伴随着泪水奔涌而出。她不清楚自己到底是年轻还是老迈，是妻子还是母亲，是时尚还是落伍，是风采依旧还是明日黄花，因此不知道应该如何打扮自己。尽管最后她购置了一整套新衣服，但马上又退货了。

心理学与衣橱的邂逅

即使是世上最好的导购也没法说服这位顾客买下一件衣服。穿着打扮承载着一个人的自我认知，而这位女性的内心，正在经历着严重的身份困惑。当时，我也未能向她提供帮助。但自此之后，随着我开始更加留意身边人的穿搭规律，我意识到，自己可以提供超越传统意义上的衣橱革新服务。我决定研究一套全新的方法，以心理学的视角来透视人们的穿搭，并将此命名为"穿着心理学"。从临床实习生到全职妈妈，从花季少女到七旬祖母，似乎每个人都对衣橱保持着某种程度的好奇与困惑：她们的穿搭传达了什么信号？她们如何搭配来凸显身材？她们怎样控制在服装上的开销？她们在转型期之后，是否能摸索出得体的穿衣方式？如何挖掘出那些影响自己穿衣搭配的心理问题？

在接收到无数关于衣橱的心理咨询请求之后，我开始兼职提供衣橱咨询服务。最初的几个电话请求来自朋友和家人，她们只想改善自己的形象。第一次创造并完整实施身心革新疗法，是为了帮助我妹妹吉纳。她一成不变的穿着搭配反映出她在职业规划和人际关系上的停滞。自初中以来，她衣橱里的衣服就几乎没有变过。所谓的新衣服，要么是我淘汰的，要么买来后连标签都没有拆过。"神啊！你的衣橱简直是垃圾收容所。还不赶快采取行动？你在等什么呢？"我不解地问道。

　　我妹妹对她的工作感到厌倦，对她遇上的那些懦弱无能的约会对象感到厌烦。她在等待某个大事件的降临。在生活奇迹般改变之前，她的衣橱不会发生任何改变。

　　她当时的反应是："詹妮弗，我可不搞什么心理治疗，帮我清理一下衣橱就好。"

　　可是，若不弄清楚吉纳过去、现在和将来都穿些什么、为谁而穿，这项工作就无从下手，因为清理衣橱并不只和衣服有关。只有对她过去和现在的生活有了全面的了解，我才能通过重建衣橱，为她的生活创造出她想要的变化。当我解析了她的穿衣打扮，又理解了她关于职业、学业和婚恋的目标，我便能帮她打理出一个衣橱，推动她朝着期望的方向转变。在这个过程中，我认识到，内在革新对于外在革新至关重要。二者缺其一，转变就不完整。

　　在身心革新的"身"，也就是外在部分，我关注的是客户们着装的色彩、形态、版型和功能，以及穿着搭配的规律和原理。我会观察他们是否能够自如地逛街、购买、穿着、整理、搭配，挑选适合自己的身形、出席场合和生活方式的服装。而在身心革新的"心"，也就是内在部分，我关注当前的痛苦、过去的创伤、成长的渴望以及未来的目标。

　　越来越多的女性感受到这种内心和外表之间的关联，邀请我去帮助她们做衣橱分析。于是，我的客户量不断飙升。

　　在最初联系我进行形象改造的时候，她们并没有准备好经历一场蜕变。当我们一起对衣橱层层细究时，我们是在识别并寻找痛苦情感的突破口。和别人一起聊聊整理、购物和照镜子时感受到的压力，事实上有治愈效果。借助假戏真做、自我肯定训练和暴露疗法等心理学技巧，针对这些感受采取行动，本身就是一种治疗。作为心理学家，我没有流于表面，停留在标准的衣橱革新，或是简单地探讨自尊问题。我挖掘的是更深层次的东西。这一过程是在衣橱这张安全网里完成的，所以客户在初始阶段不会意识到转变的深入。但是，过往的经验证明，我们总能迅速地刺破那层坚硬的外壳，触碰到内心的"关键点"——这是任何造型师都无法带来的价值。

我把生活和工作中碰到的客户的经历编撰成册，最终著成此书。本书细述了九种最常见的系统性衣橱问题。大多数前来咨询的客户会同时有四到五种问题。也许你跟这本书中的里基一样，误以为自己是个"土肥圆"；抑或你更像梅根，无法厘清生活与工作的边界。这本书记录的就是她们清空自己的衣橱，挣扎着回答那些尴尬棘手的问题，竭力在寻找答案的征程中更进一步的故事。

在每段故事的结尾，我都会将分析结果进行总结，提供一些轻松快捷的小诀窍，帮助你改善形象和生活。这本书还附送一套五步分析法。你可以利用这个工具箱，打造健康、平衡的衣橱。

衣着是人们的感知、不满和欲望的物化体现。当我们穿过外在表象观察内在运作，就能创造质变。和传统的心理治疗不同的是，这些改变以衣橱为载体，因此，过程中自省带来的强硬和不适，能够得到有效缓冲。通过这种方法，我得以亲眼见证许多人终于直面并解决了纠缠多年的问题。

关爱自己，从自我发现开始。那些穿在身上的衣衫，就是你如何理解自我和人生的精确呈现。衣橱里蕴含了大量的信息。当你努力地朝真正的自我奔去，蜕变就会随之而来。

穿上让自己舒适、开心和自信的衣服，定能让生活展露出更迷人的光景。衣橱的细微改变，就好似一块多米诺骨牌，陆续回报你新的冒险、新的发现，以及将来美好的回忆。这也是我对这项工作乐此不疲的原因！像衣橱革新这种看似无足轻重的行为，竟能让人改变自我认知，提升自我意识，重新搭建自尊，树立人生目标，追求圆满而无悔的人生。能目睹这一切，我无憾矣！

打开你的衣橱，去发现真正的你。扔掉那些和自我不协调的拖累吧。穿出最好的自己，迈向全新的生活！

衣橱大盘点 接受挑战

　　你一定出于某种原因，才决定阅读这本书。也许你总觉得自己没衣服穿，也许你正受困于某种衣橱困境，也许你正尝试改变却无从下手。这些状况并不少见，往往可以归纳在本书的九种衣橱问题之中。然而，在"诊断"和"治疗"之前，你必须收集"数据"，做出分析，之后才能从你的"发现"中做出总结。

　　分析从以下问题开始。这些问题的设计初衷，是让你对自己的穿着规律进行更深层次的思考。这些问题没有标准答案，你可以凭直觉回答，也可以观察一段时间后再下定论。现在，让我们把精力集中在分析之上，暂时不考虑做出任何改变。

关于过去

1	小时候，谁给你穿着打扮？
2	这个"造型师"自己的穿着打扮如何？
3	别人在这方面，都教过你什么？
4	你觉得打扮自己是一堂必修课，是一个充满创造性的过程，还是两者兼有？
5	你是从什么时候开始打扮自己的？
6	这一过程让你兴奋不已吗？
7	这一过程让你充满挫败吗？
8	你是不是对打扮没什么兴趣？
9	你是否因穿着打扮问题遭遇过创伤？比如同学的霸凌或家长的批评？
10	在你的人生中，穿衣风格如何演变？例如从朋克风到极简主义，从紧身到宽松，或从中性色到亮色。
11	是什么促成了这些转变？
12	哪些特征和偏好是一如既往的？
13	小的时候，谁是你的灵感来源？
14	你是否留着以前的旧衣服，舍不得扔？
15	你以前最喜欢的一身搭配是什么样的？为什么？

关于现在

1　　形容一下自己现在的穿着风格。

2　　梳妆打扮之后，感觉如何？

3　　为什么？

4　　逛街买衣服时，感觉如何？

5　　为什么？

6　　多久逛一次街？

7　　为什么？

8　　现在，谁是你的灵感来源？

9　　你有没有觉得自己不擅长穿着打扮？

10　如果答案是肯定的，什么时候开始有这样的感觉？

11　最不擅长的是哪个环节？

12　有没有觉得自己没衣服穿？

13　会不会长期穿同样的衣服？

14　是不是每天都换一身新衣服？

15　现有的大部分衣服是否都不太喜欢？

16　有没有自己的专属风格？

17　有没有收藏给自己带来穿着灵感的图片？

18　你希望改善自己的着装方式吗？

19　你最喜欢的颜色是什么？

20　有那个颜色的衣服吗？

21   你的风格是经典还是时尚？

22   传统还是现代？

23   简洁还是华丽？

24   修身还是宽松？

25   短款还是长款？

26   你是否和同龄人穿着相仿？

27   你是否曾在打造衣橱时寻求过帮助？

28   你的衣橱里全是旧衣服，还是全是新衣服？

29   你的衣橱是整齐还是杂乱？

30   你的衣橱是较空还是偏满？

31   你穿这些衣服吗？

32   你是不是还有很多衣服连吊牌都没拆？

33   衣着能代表你是谁吗？

34   你的衣服是否能让身材看起来更好？

35   你的衣服会不会让你显得年轻？

36   你的穿着和当下的生活方式协调吗？

37   你最经常犯的穿着错误是什么？

38   是否曾尝试改变这个问题？

39   在人生的重大转型期，你的风格是否有过转变？

40   你喜欢那个转变吗？

41   你对自己的衣橱现状是否满意？如果满意，请具体
      说明。

关于未来

1　按每十年为一个阶段。在未来的各个阶段，你希望
　　如何穿衣打扮？

2　在人生的每个阶段，是否都有一个标志性风格？

3　你将来还会有哪些重要的转型？

4　当前的衣服储备和这些转型匹配吗？

5　你理想中的衣橱是什么样子？

6　你希望你的衣橱发生什么样的转变？

7　什么时候完成这个转变？

8　哪些因素在妨碍你打造一个完美衣橱？

9　未来有哪些想完成的目标？

10　是否已把这些目标分解成具体步骤？

11　希望在什么时候完成这些目标？

12　是否希望自己的衣橱能在完成这些目标的过程中
　　起到促进作用？

完成这些细节分析之后，你就能初步总结出自己衣橱的模式和规律了。找出它的长处和短处，并选定改变范围和继续保持的地方。

本书的某个章节，很可能已经覆盖了这些诊断和疗法。

身心革新的最后一步是探索。请参看目录，筛选出那些说中了你衣橱问题的章节。每一章都包含了详细的检查清单、案例研究、心理学解释以及解决方案。在这些内容的辅助下，你能够解决的，可不仅仅是穿衣打扮的问题。

第一章
荷包之轻

致无法理性消费的购物狂

特莎打电话给我的时候，已经近乎崩溃。尽管在电话里，她极力轻描淡写地讲述购物给她的生活带来的一点"小困扰"，但事实上，她的衣橱已经凌乱不堪。最终她提出让我帮忙整理的想法，我欣然接受。

到特莎家后，我把车停在她耀眼的座驾旁，走进她肆虐扩张的衣饰领土。她的步入式衣帽间和家里其他地方一样——各种崭新而昂贵的设计师系列满坑满谷。领略了这片战场的风景之后，我问她感觉哪里不对。

她抱怨说："你看，我有这么多好东西，却不知道怎么整理，也不知道怎么搭配起来。另外，我还在考虑哪些应该卖掉。"

我点点头："那好，我们先过一遍你的库存，决定谁去谁留。卖掉是个好办法，让能穿的衣服更容易找到，还能给将来新买的衣服腾出点地方。"说着，我准备先清一块地方出来。

特莎欲言又止："鲍博士，我卖东西不是为了腾地方，而是为了还信用卡。"

直到这一刻，我才恍然意识到她邀请我来的真正目的。跟那些入不敷出的人一样，特莎享受着超出她能力范围的上层生活。再不卖掉些撑场面的行头，她恐怕连饭都吃不上了。

故事并不复杂——每张信用卡都刷爆了，分期利息如雪球般越滚越大，当时鼓励她分期的混蛋银行也开始打电话催她还款。这一切都让特莎非常沮丧。显然，不知道怎么整理衣物只是冰山一角，下面掩盖着更深层的问题。

有趣的是，特莎是欠钱的人，却将怒气转嫁给她的债主。她不仅不愿为自己的过度消费负责，更没有停下来的意思。我建议她停掉付费电视频道，省下美甲的钱，少喝单杯价格超过 7 美元的咖啡。她看我的眼神仿佛我不让她活了一样。

特莎的衣品无可挑剔。她的问题在于，能力跟不上自己的欲望。当一个不良习惯已经影响到日常生活，就会成为一个大麻烦——比如把本该付取暖费的钱，拿去买件 Burberry 的经典款风衣。

如果你也像特莎一样，明明不缺衣服还总去逛街，明明囊中羞涩却忍不住挥霍，甚至需要把没穿过的衣服卖掉以支付生活费用，那么这一章会揭示这种行为背后的动机，并教你一些克服坏习惯的技巧。如果本章内容恰能描述困扰你的衣橱问题，那么是时候摆脱整天泡在 Gilt Groupe 等秒杀折扣网店带来的罪恶感，和那个每周五都要耗在商场里的无知少女说再见了！

购物的动机

狩猎之前，捕食者会在猎物边潜伏几个钟头，等待最佳时机，一招毙命。她饥肠辘辘，环顾逡巡，一边熟悉地形，一边搜寻最佳目标，一旦发现，便锁定对象，全神贯注：清晰的线条，健康的外形，柔软光泽的表皮。谁能抗拒胜利的诱惑？买包也是一样的！

试问谁没在购物时经历过"蓦然回首"的那一刻？为一件心仪的衣衫踏破铁鞋，收入囊中时的满足无以言表。几年前逛 Maxmara 的母品牌贝纳通时，我看到一件像为我定制般合身的紧身连衣裙，试穿后看着镜子里的自己，欣喜之情喷薄而出。

即便是走出商店之后，那种喜悦仍让人回味无穷。这么难能可贵的裙子，我怎么能只买一个颜色？必须三个颜色全部拿下！可惜当时店里那个尺码售罄了，不过我没有放弃，在地毯式问询了全国门店之后，终于买到了！打四个多小时的电话算什么！

遇见心仪之物，轻轻一刷卡就可以拥有的美妙感觉，你懂，我也懂。买东西的渴望很正常，然而值得警惕的是，在期待的饥饿感和买下的舒缓感联合作用下，购买行为将不断得到刺激。

购物的冲动背后，有很多心理原因：也许是生活其他方面引发焦虑，也许是为经济问题而苦恼，也许与他人对比后感到差距，甚至完全可能仅仅是因为无聊。不论出于什么原因，购物行为都能刺激和强化大脑的奖励中枢，又称中脑边缘系统。每当我们想要买东西并且这种欲望得到满足时，人脑就会分泌出一种"快感"化学物——多巴胺，进一步刺激我们重复购物的行为。多巴胺总能快速抚平想要买东西的骚动。

2010 年，一项精彩的研究揭示了购物癖与多巴胺之间的显著相关性。[1] 实验发现，在使用多巴胺来治疗不宁腿综合征的患者当中，越来越多人发生了以购物癖为代表的冲动控制失调。在停止摄入多巴胺后，这种失调也随之消失。

从买房、买车，到买衣服、买珠宝，再到买玩具、买餐具，为什么有人囊中羞涩却依然挥霍无度？因为我们以为我们需要，因为我们想要，因为我们在用购买来填补生活中的其他缺失。

追随潮流

我们非常幸运，生活在一个想买什么就能随时随地购买的时代——一切都是"即时满足"。层出不穷的新品信息对消费者进行密不透风的全天候轰炸。随之而来的科技发展使人们只需点下鼠标、输入电话号码就能够轻松完成购物。有了便捷的电商渠道，人们更是容易盲目下单。

你曾多少次说服自己，那双刚上架的拉链麂皮及踝靴我志在必得？如果总想跟上潮流，过度购买可能真是"必需"。时装周全年轮番上演：春装、夏装、秋装、冬装还不够，度假款、初春款、初秋款紧随其后。将必备款一网打尽的唯一方式，确实只有以买鞋为生，以买衣下饭，以买包续命了。今年是及踝靴，明年是及膝靴；去年是 80 年代复古风霓虹亮色朋克印花和褶皱元素，今年则轮到净版中性色立体剪裁裤型闪亮登场。追随潮流，可是个全职工种。

追随潮流的疯狂背后，掩藏着人们想让自己看起来没有掉队的渴望——让那些在生活其他方面已经落后于时代的人，也至少能维持表面的前卫。对潮流俯首称臣能够隐藏内心的不安全感——格格不入、年华老去、丧失激情……

如何停止盲目购物呢？

扪心自问：如果不买会怎么样？是否已经有替代品？以我的经验，想清楚这两个问题，就能够将许多伪需求冷却，并承认自己一时冲动。

包治百病

事实上，买衣服和做身体护理或美甲类似，是一种自我修复的方法，就像生病吃药一样。但如果你治疗自己的方法只有购物，那么就要小心，购物与解压之间的关联性将逐渐强化。行为心理学家伯尔赫斯·弗雷德里克·斯金纳在他所提出的学习理论——著名的"操作性条件反射"中指出，如果你的第一次购物体验是积极的，那么以后你需要解压时，还会倾向于借助这一途径。每一次因此所带来的压力缓解都会对购物行为实行正强化，进一步刺激你重复购物的行为。就像斯金纳实验箱里那只饥饿的鸽子一样，着急地啄喂食器——你内心越痛苦，就越想通过购物来疏解。这样一来，通过买衣服来舒缓情绪将让你上瘾，最终导致更严重的过度消费和囤积。

有人爱旅行，有人爱吃糖，有人爱按摩——而我的解药，就是买衣服。情绪低落时，我需要一身新衣服感受到被爱；辛苦一天后，用自己的血汗钱去商店买点好东西也说得过去。买衣服能让我迅速摆脱压力。如果不能买东西，情绪的不快就会和不能逛街的不爽相叠加。当我终于可以购物时，之前的不愉快和因为不能及时逛街而产生的焦虑，就会同时得以缓解。一天的负能量都能被逛街的狂喜暂时冲散，购物的愿望也终于得到满足。

别人有的，我也要有

虽然人们买东西是为了跟上潮流，但事实上大多数人靠借贷消费，导致美国的经济如履薄冰。Creditcardhub. net（信用卡刷卡机网）曾经利用美联储及网站自己收集的数据研究2011 财年第二季度美国消费者的消费趋势。[2] 结果表明，当时美国消费者的信用卡债务总额已经超过 7717 亿美元。自2009 年以来，那些能够偿还前一季度信用卡账单的消费者们，下一季度信用卡债务大多会继续增加。2011 年，美国的债务总额比 2010 年增加了 66%，比 2009 年更是增加了 368%。即使是那些看上去丰衣足食的人们，被房东赶出家门的有之，丧失抵押品赎回权的有之，申请破产的亦有之。每个人的心态都是：如果我的邻居有个一克拉的钻戒，那么我怎么也得有个两克拉的；如果我的闺蜜有一件民族风沙滩长袍，那我就要买三件。这个世界上总会有人比你买得更多，所以循环最后只会以失望告终。

在评估自己的购物需求时，可以琢磨一下需求的源头——是不是在最近的真人秀上，看到了上层人士的"日常生活"？这个需求是你自己的，还是亲朋好友的，或者是整个社会的？我们买东西时，常常把别人的需求内化，当成自己的需求。狂轰滥炸式的"什么值得买""必买清单"和潮流高端的产品图片让我们轻易坠入陷阱，觉得那好像确实就是自己想要的。

扶我起来，我还能买

归根结底，人们买衣服的目的已经变成填补内心的空虚，而不是填满衣橱。人们渴求陪伴感、安全感、幸福感、实现感，也渴望能有些事情分散注意力，减少对生活的倦怠。购物在现实的孤岛中给人陪伴，平复伤痛，让人暂时逃避不愿意面对的骨感现实。购物能让人们暂时摆脱烦恼，虽然这烦恼也不会因此消失。

在一个炎热的周六夜晚，孤单的你，一想到还有 750 位同伴购买了出生石珠宝套装，也就不那么寂寞了。没日没夜地观看最爱的网红主播的节目，感觉自己和他们仿佛成为了朋友。事实上，你已经成为了购物大军中的一员，"家人们"会给你寄来打折日程表、广告宣传单，甚至还有生日贺卡！作为温馨家庭的一员，你既不会受到小伙伴的指指点点，也不会遭受任何索求，但总觉得，自己不买点东西回报他们，就会愧疚。偶像戴维·维纳布尔 [①] 在视频直播？我能不下单吗？不——可——能——的！

过度购买往往意味着对自己不满，并且无法从根本上解决。人们在商场买东西时，正是希望通过外在修补内在的不满。然而这一方法药效短暂，过不了多久，又得去逛一圈。

---

① 译者注：戴维·维纳布尔（David Venable），美国电视名人和作家，自 2009 年以来一直在家庭购物频道 QVC 上主持《与戴维一起下厨》（In the Kitchen with David）节目。他还是烹饪类畅销书作者。

要是你觉得自己不够聪明、不够成功、不够好看，购物似乎都能帮你掩盖这些缺憾。当你穿着华丽时，谁会在意你是不是衣如其人？当你穿着新潮，谁又会在乎你工作漏洞百出？当你佩戴上最新款的钻石项链，谁又会在意你脸上的皱纹？

若人们不喜欢自己当下的生活，则往往会通过外在打扮，来营造出一种理想生活的样子。穿着崭新的衣服，就好像生活在理想之中，即使那远非现实，至少也能骗骗自己。可是，那些香车豪宅、奢华家具、特制名鞋，都不过是海市蜃楼，背后是经济压力、家庭不和与身心空虚。

如果人们明明"没钱买""没地方放""没有场合穿"却还想继续购物，肯定是出了问题。这种匮乏的状态实际上等同于焦虑。为了应对这种焦虑感，人们要么克制对抗，要么放任自流。不去面对和解决焦虑，而是一味地借助买东西来缓解，总有一天，购物欲将吞噬自己。

想拥有、想消费、想放肆、想越界，这股蛮力总让我想起追胡萝卜的驴。不论它多努力，都没法碰到在它能力范围之外的奖励。人也是一样。当人们过度消费时，是在伪装自己从未达到的物质水平。

过度消费行为检查清单

❏ 几乎每天都想买东西。

❏ 把逛街当作奖励。

❏ 因为不想面对某些问题或者无聊而去逛街。

❏ 逛街购物前焦虑，之后缓解。

❏ 买下一件东西之后，兴奋感马上冷却。

❏ 购物后有罪恶感，或者将战利品藏起来不让别人看见。

❏ 曾对自己承诺：这是最后一次大采购。

❏ 觊觎亲朋好友的某件东西。

❏ 如果某个东西别人有而自己却没有，就会不满。

❏ 购物曾带来过一时爽快、长久灾难。

❏ 感觉这章内容说的就是自己，所以马上阅读。

❏ 曾把睡眠、朋友、工作或其他活动抛在一边，去逛商场或网购。

❏ 逛街购物时，会买得比预期多。

❏ 会因为打折促销，而去买平时不会买的商品。

❏ 曾在打算停止购买后死灰复燃。

❏ 店员能直接叫出自己的名字。

❏ 定期收到打折、促销和店内活动电子邮件。

❏ 为电视购物或网购专门开设银行账号。

❏ 有一个购物清单。每当买下一件东西，就会立即关注下一件。

❏ 衣橱里有两件一样的衣服。

❏ 还有吊牌没拆的衣服和饰品。

❏ 总觉得衣橱不够用。

❏ 不能接受连续两天穿同一件衣服。

❏ 亲朋好友曾对自己的消费习惯颇有微词。

❏ 经常入不敷出。

❏ 有消费贷的困扰。

❏ 大部分收入花在物质上。

❏ 对债务采取逃避行为（例如，不去付账单，换个号码让银行找不到自己，扔掉催款信件之类的）。

❏ 担心自己会因为欠债过多被限制消费，于是及时行乐。

❏ 曾要求别人帮忙购物，或借钱购物。

　　如果上述的大部分情况都在你身上发生过，那你的购物习惯很可能已经失控。当一种行为总是带来困扰，或者行为本身是由不健康的内在动机导致的时候，人就得做出改变了。

案例研究

特莎的故事
——不适合的东西，也要坚决收入囊中

在特莎的案例中，我要解决的第一个问题是，让特莎在购物行为和动机之间建立联系。刚刚我们盘点了她的存货，进行搭配，并挑出要转卖的东西。在这个过程当中，我发现了她消费失控的心理原因。

之所以要先清点一遍衣橱里有什么，是为了找出她购物行为的刺激源。对付强迫症行为最好的办法是借助心理学中治疗"严重上瘾行为"的一套完整治疗模型。根据模型，我们首先要找到刺激因素，之后确定替代行为，移除诱发因子，制订紧急预案，取消支付方式，构建支持网络，来帮她度过最难熬的戒断期。

开始清点时，我们把衣橱中的所有东西都摊在床上。这么做是希望她能直观感受到已经拥有多少衣服，思考未来是否还能理直气壮地采购。接着，我们把衣服分成两类：一类是要留下的，另一类是要捐出或扔掉的。

"特莎，你分得很快。这些是可以作为闲置衣物转卖的，应该能卖不少钱。接下来把衣服搭配成套吧。"

我们把衣服分成两大类：上装和下装。在分类的过程中，我发现很多衣服吊牌都还在，而且，这些东西都是原价昂贵

的打折品。这时候，我对治疗她的购物癖有一些方向了。

观察1：特莎买东西并不是出于需要。如果是的话，她的衣服大多应该是能成套的。她的购买常常源于冲动，没有考虑到衣橱里有哪些衣服可以搭配。所以，这些衣饰之间往往是脱节的。

观察2：大部分衣服都没有穿过。衣服成了博物馆的展品，而非日常穿着品。

观察3：特莎喜欢在大减价时买衣服。我猜，她是需要折扣作为托词，抚平自己乱花钱的罪恶感。

衣服太美我不配

当特莎把所有衣服都摊在床上时，她还悄悄地把吊牌藏了起来，不想让我发现。那天，她穿的是一条松垮的破牛仔裤，一件皱巴巴的背心，里面是已经洗坏了的文胸。这让我意识到，她平常都穿些什么。

"你怎么从来不穿这些好衣服呢？"我本以为她的理由会像其他人一样——我讨厌我的赘肉，我太肥了，我身材走样了，我没有场合穿……然而，她的回答却是，担心自己会玷污那些华丽的衣衫。

为什么她会有这么多自己根本不会穿的衣服呢？归根结底，是源于她对自己过度消费的罪恶感。她逼迫自己不穿那些心仪已久的衣服，在某种程度上是为了惩罚自己——她已经靠盲目消费满足了自己一次，就不能再允许自己穿上它们来二次奖励自己了。此外，就像我们大多数人对待坏习惯一样，特莎每次都会发誓说"以后再也不这样买了"。可与此同时，她又担心真的没有下次了，所以现在舍不得扔掉。

那天走之前，我们一起把那些"因太美而不忍心穿"的衣服分成四类。

第四级：正式场合。

第三级：晚间约会。

第二级：职业商务。

第一级：周末休闲。

我让特莎把之前她认为是高一级的衣服向下移一级。例如，她平常晚上约会，会穿一条精致点的牛仔裤、一双凉鞋，配上一件背心，现在我让她把这种搭配归到"周末休闲"中去。而她打算在正式场合穿的婀娜俏皮的连衣裙，则被归入了"晚间约会"的类别下。这次干预让特莎改变了"降级穿衣"的习惯，有机会穿上那些压箱底的宝贝。之后我们会清理她的存货，按照她的穿着场合查漏补缺，确保所有留下来的衣服都不再被束之高阁。

寻找刺激源

接下来，我要剖析的是什么因素刺激了她的购物冲动。此后一周，我让她观察记录自己的行为，暂时不用改变。她可以随心所欲地去逛去买，但在行动之前，要记录下有这种欲望之前发生了什么。这样一来，我就可以做数据分析，找出她的情绪刺激源了。

那一周，在她每次去买衣服之后，我都会去她家看看她的观察笔记。五天之内，她逛了三次街，并记下了每次购物前发生的事情。

"那天你走之后，一想到自己能卖这么多东西，我洋洋得意，认为自己肯定会小赚一笔，于是决定犒劳自己一下。第二天我起了个大早，去 Neiman's 商场，Michael Kors 的东西正在打折……接下来，你懂的。"

"非常棒。你刚完成了一次'联结'。你心情不错，想要犒赏自己，所以去逛街。好的，那第二次是怎么回事？"

"那天晚上我把战利品带回家之后，觉得挺罪恶的。一想起又快要交房租了，心情就更差了。于是像以前一样，我跟自己说这是最后一次，但转念一想，之前那次告别演出不够正式，接着，就有了第二次。"

"好，你继续说。"

"我当时是带着'这将是几个月之内最后一次逛街'的心情去的，所以希望有仪式感一点。于是，我买了那双梦寐以求的设计师款鞋子。幸运的是我正好有一张打折券，要不然还要更贵呢。"

"嗯，我很理解你的仪式感，但好像还有第三次购物？"

"第三次完全不能怪我。周四的时候同事要过生日，所以下班后，她拉着我陪她一起去逛街。她特别兴奋，连带着我也被感染了。Zara 的两条连衣裙非常抢眼，跟我这双鞋子很搭，想了想我还得再买一根腰带来配，于是我又去了 Saks，打算选一条腰带。结果，我没有买腰带，而是干脆买了条利落的皮裤。我确实挺需要一条皮裤的，况且它比腰带更实用。"

"特莎，从记录里，你有没有察觉出点什么？什么是你的刺激源？"

她回答道，她一般是在特别开心或者特别沮丧的时候想去购物。虽然东西也不便宜，但毕竟都在打折！

情绪的波峰和波谷

我们都听说过情绪性暴饮暴食，其实还有情绪性购物。在适度的范围内吃喝和逛街，没什么不妥，但若是过量，则都会带来严重的后果。这两种行为能够在短时间内制造正面情绪，但却阻碍了对真实感受的审视，长期来看会对生活带来多种负面影响。这种恶性循环还会自我强化，久而久之，痛苦和愧疚都来不及出现，新的一轮周期就又开始了！为了开心，我们去逛街，等逛舒坦了，情绪又开始低落，周而复始。

购物的分享感、低门槛、低成本和周而复始的特点，会让人愈发无法自拔。试问有谁是不逛街的？逛街其实是一项集体活动，就算只身出门，身边都会挤满同类，何况更多时候人们都是结伴出行。结伴逛街往往会导致花销超出计划，在男性身上更为明显。[3]

本质上，特莎对促销的追逐只是一个表面现象，深层的原因更难找到或补救。一般来说，情绪化的经历，要么源自喷薄而出的渴望，要么源自四处蔓延的空虚。从特莎的笔记中我发现，这两种情况她兼而有之。

"有好事的时候，我总想找点节目助兴，逛街购物就是其中一个途径。"情绪高昂的时候，特莎就会带上她的最爱——购物车来一起狂欢。

"当我有点压抑时，也会借助消费恢复。每次购物都能让我心情稍微好一点，但那还不够，我还得再逛一圈。"当特莎感觉到难过和空虚，那些衣服、鞋子和珠宝，就能填满她……一阵子。

特莎也意识到自己现有的衣物很难搭配。她买每件衣服的时候都带着不同的情绪，因而买下许多根本不需要也无法搭配的衣服。而当她穿上那些"七零八碎"的衣服时，就会想起当时的窘境，因此很多衣服从来都不会穿。

听着她对情绪状况的描述，我的脑中显现出一条曲线。当她情绪低落时，那条线就掉到横坐标轴，即正常状态以下，购物让她回到横坐标轴之上。当她情绪兴奋时，波峰在横坐标轴上方，再买点东西就能继续推高波峰。但特莎不知道的是，购物带来的波峰并不持久，激情退去之后，她会更加低落。由过度消费而引起的罪恶感永远不会对人的心理有正面影响。

错过折扣天理不容

特莎几乎每周都会踏上特价商品的扫街之旅。可惜特价并不意味着物有所值。她经常带着大包小包回家，里面充斥着好几件一样的单品、不需要的配饰以及同她的穿着场合、衣橱成员都不搭的衣服。

当我问她为什么要买些这些东西时，她回答道："它们都在打折啊！"特莎需要看清打折的门道。经过一番讨论，我让她认识到，正是"打折"的标签，卸下了买者的防备，让她在夜晚独自面对高筑的债台时，不那么痛苦自责。然而，降价商品只有在真能帮人以更低的价格买到确实需要的东西时，才算物有所值。显然，特莎的情况并非如此。

买降价商品确实能带来短期好处，因此要戒掉这种习惯十分困难。每当特莎盘算着出去搜罗点好货时，商家总会有理由让她买下并不需要的东西。可惜的是，她没有衡量长期损失。在这些不需要的打折品上浪费的钱，可能早已够买好几件不打折，但更经得起时间考验的衣服了。

跳出恶性循环

实体店让逛街太方便了。曾几何时，人们需要舟车劳顿三个星期，才能买到一点橡胶和糖。如今，人们在家或是街角就能逛街。就算没去逛街，铺天盖地的广告、杂志、线上弹窗、促销和优惠券，都在怂恿着我们去购物。似乎错过这些天理不容。

我问特莎，是不是觉得购物的诱惑无所不在？停手如此之难？继而我解释道，如果她真的想改变，那就必须从改变她所处的环境开始。之后，我们讨论了合理可行的转变和注定失败的转变之间有什么差别。

当特莎意识到她的购物习惯和情绪之间的关联后，就可以制定方案预防下一次危机。这个方案包括更有效的替代方法，不仅能引导她理性消费，还能为她的生活带来长期收益。

首先，特莎告知她的亲朋好友，自己正处于"断舍离"时期，可以陪他们逛街，但在完成从购物强迫症到健康消费的转变、平衡预算之前，将不买任何东西。为此，她还同意每次购物前都把钱包留在车里。

特莎还同意制定月度预算计划，只留出一小部分现金用于逛街购物。我虽然要减少她的强迫症行为，但完全禁止可能会导致报复式消费。

我允许特莎在有购物冲动时"零损购物"。这一技巧能够有效舒缓欲望。我让她记下想买的东西的名称、价格和下单信息。一周之后，当她回顾那个清单时，会发现她对购买这些东西的渴望可能已经烟消云散。作为时尚爱好者，特莎拥有很多时尚杂志，活跃于各大时尚网站。现在，每当她又想经历从想买、搜寻到收入囊中的全过程时，她会在网站和杂志上点右键保存，圈圈画画，以安全的方式疏解购物欲望。

最后，在彻底清理规整衣橱之前，我给她立下了"不买打折品"的禁令。她必须避开那些正在打折的店铺，并告知她的亲朋好友她不能去买任何打折品。为了改掉她爱买打折品的习惯，我建议特莎每个月记下花在打折品上的金额，以及穿上这些衣服的频次。这些数字可以计算出某件衣服的单次穿着花费。例如，她以80美元购置一条连衣裙，只穿了两次，那这条裙子的单次穿着花费是40美元；如果穿了20次，那单次穿着花费是4美元。这个结果让特莎大吃一惊：因为在她的衣橱里有一些衣服至今还套着包装袋，吊牌都没摘——五年了，她从未穿过它们。

接下来特莎坚持写购物日志，提醒朋友她正在节制消费期，制定预算计划，只虚拟购物。坚持一个月以后，特莎反馈，对于购物的渴望，她已能处理得游刃有余了。

"我确实时而还会感觉到逛街的冲动，但我找到了一些替代的方法，真切地感受到自己的情绪波动，不去刻意放大或掩饰。这种感受非常好。高兴时，我就乐呵呵的；难过时，我也去体会那种悲伤。"

买衣服取悦自己并没有错。如果世界上还有一个人相信购物和打扮的力量，那肯定是我。但是，错就错在，让某种静止的物质取代了情感的流动，干扰了面对冲突的过程，阻碍了解决问题的路径。

在"不买打折品"禁令的作用下，特莎在月底终于有了结余存款，还能同朋友们出去聚餐，组织晚宴派对，还踏上了心心念念的旅途。当特莎终于领悟到只买那些确实需要和真心喜欢的东西所带来的长期益处之后，我解除了禁令。我很开心地宣布，特莎如今再也不流连于那些早鸟折扣，也不会开车到荒郊野外去抢奥莱大甩卖，她甚至还能够目不斜视地把刚从信箱里取出的促销通知直接丢入垃圾箱。

对于特莎来说，得到亲友支持，也是治愈不当消费习惯和衣品的关键。转变不是一夜之间完成的，需要花费时间和毅力。但最后她得到的，是一个和谐有序的衣橱，持续为她带来积极的力量。

在这个身心变革故事的结尾，特莎就像《绿野仙踪》里的多萝西一样，意识到她所需要的一切其实就在身边，根本不需要去商店购买——她已经拥有了好看又好穿的存货，唯一要学习的是如何搭配。同时，她还了解到，自己一直苦苦追寻的情绪上的体验，其实早已拥有，永久免费。

轮到你了

就算入不敷出也要挥霍是个大问题。只要想买的冲动成功驱使你行动，那么这个强迫症的强化就占了上风。每买一次，购物欲的阈值就会上升一点。

特莎总买打折品，买来又不穿，并且有意回避自己的情绪。如果你也有上述情况，那你并不是一个人。你可以先试着控制自己，如果不行，可以寻求专业咨询服务。即使你已经填满了衣橱，内心也有可能还是空虚。没有什么投资比投资自己更重要。

跨出消费漩涡

你是否也借助买衣服来填补自己情绪上的空虚？你是否也有恶性购物的习惯，总买些不喜欢的东西，攒了一柜子垃圾？当你穿上某件衣服时，会不会想起失去的挚爱、丢掉的工作，或者失意的生活？

你可能并没有意识到自己是在借助衣服来安抚情绪。购物强迫症就像任何上瘾行为一样，来势汹汹，短期舒缓之后，长期却会带来愧疚、焦虑以及一无是处的衣橱。不论你的购物习惯已经达到临床上的"强迫性购物障碍"而需要专业治疗，还是程度较轻，会在"忧郁的时候去购物"，你都可以采用这种针对上瘾行为的治疗模式，不再胡乱购买。

首先你要了解自己的购物规律，识别刺激源。就跟治疗上瘾行为一样，只有找到刺激源才能对症下药。虽然大多数人确实是在心情失落时逛街购物，也不排除还有一部分人购物是为了庆祝，或仅仅是有余钱。买之前问自己：确实需要吗？还是一时冲动？如果还有三思而后行的意识，那么就不需要改变现有的行为模式，只需要留心观察自己的行为就可以了。

但是，一旦你发现自己的消费总是源于某种特定事物的刺激，那就是时候做出改变了。其中最有效的办法，就是意识到这个冲动的来源，然后采取替代行为，比如和朋友聊聊天、运动、写日记、看电影，或者是洗个泡泡浴。每个人的替代行为各不相同，花点时间找到属于自己的。找到之后，购物就不再是一种无效的麻醉，而是真实的享受！

抵御折扣诱惑

特莎不仅买了很多不穿的衣服，还对打折情有独钟。我不得不说，她是个折扣狂。要治疗这种症状，第一步先检查自己对打折品的痴迷有没有到病态的程度。如果买衣服是因为喜欢或者真的有用，那么是值得花金钱、精力和时间找打折品的。但是如果买来不用，也并不是很喜欢，那么所有的投资都是打水漂。

你可以把买衣服想象成向银行储蓄账户里存钱。买打折品并不意味着一定是笔优质投资。如果想要存钱或是希望存款增值，你只有喜欢并常穿这些衣服，这项投资才算是增值。如果你总是把它们束之高阁，那么不管买的时候占了多大的便宜，都是赔钱货。

另一个重树你对打折品看法的利器，是计算这些东西的单次穿着花费。特莎就是利用这个技巧，对自己的消费习惯有了直观的感受。

随着工厂店、折扣店和奥莱店如雨后春笋般开遍各地，人们轻而易举便可买到许多东西，而打折让人们不再为自己的疯狂消费感到愧疚。研究表明，在促销的刺激下，人们在折扣店总会比计划的消费更多。这同康奈尔大学布莱恩·万辛克博士主导的食品消费研究结果相似——他的团队不断发现，觅食者眼前的东西越多，就会吃得越多。[4] 人的天性便是如此，总是想把眼前出现的东西全部消费干净。

在折扣面前，欧洲人表现得最为理性，因为他们压根儿就不买打折货。相反，他们会买少量高质量、风格独特、质地上乘的商品。我清楚记得我的法语老师曾说，她完全无法理解美国人的衣品——一个法国女人的衣橱，只需要一件黑色的翻领羊绒衫、一条裙裤、一条牛仔裤、一件白色衬衫、一条爱马仕的围巾、一件经典风衣、一双平底鞋和一双高跟鞋。这样的消费方式成本并不高，因为即使这些东西单价很贵，但历久弥新。

跳出恶性循环的小技巧

如果你在试图和购物强迫症做抗争，不论这些症状尚处在正常范围内，还是已经严重影响到日常生活、需要临床干预，跳出这样的恶性循环似乎看起来都是项不可能完成的任务。购物冲动来势汹汹，而且每次购物之后获得的纾解感通常都会战胜愧疚和对债务的恐惧。因此你必须时刻提醒自己，解决购物强迫症带来的长远益处，远大于短期快感。

为了对抗购物的冲动，首先必须削弱它。当你强迫性购物的时候，你的情绪就像是膝跳反应：我很紧张、沮丧、不满，只要买东西就不紧张了。情绪会引发行动。要弱化并阻止这种关联，你就要把自己的情绪冲动先引向理性的"思考"，再采取行动。用时间为有逻辑的思考换来空间，是减少冲动消费的重要一环。

如果你总是在不需要、钱不够、欠考虑的时候购物，那么接下来的一些技巧能让你的情绪和钱包都长舒一口气。

空手"购物"：有谁会不喜欢看看衣服，摸摸面料，试试最新款呢？服装简直是衣架上的艺术品。当你需要控制自己的消费冲动，但还是特别想逛街时怎么办？空手购物，也就是说逛街不带钱包。没有信用卡，没有现金，没有支票，手机不关联银行卡，一无所有！对于购物狂来说，不带钱包逛街堪比凌迟，一开始可能会有些许不适，但是这种做法会为你在产生购买冲动之后、确定要买之前，留下深思熟虑的时间。

以这样的方式逛街之后，你会带着心里的"值得买"回家。这时，你可以打开衣橱看看自己真正的需求：那些"值得买"到底是对衣橱的投资，还是一时冲动？一来二去你会发现，最后真的回去买的东西，只有十分之一。

德州扑克：这个技巧是指购物时，找出那些"非买不可"的东西之后，像玩德州扑克时"空过一轮"一样，别急着下单，直到商场打烊，甚至忍到第二天打烊。这期间你可以回家看看自己当前的存货里面，有没有什么是可以代替它们的。等到深思熟虑之后，再做决定。

有期徒刑：这个技巧要求你直面不能下单的焦虑，如坐针毡般等待冲动过去之后，基于思考而不是情绪做出决定。每当你熬过了这段"有期徒刑"，你会发现那种冲动会慢慢淡去。但如果过了十天半个月回头看，还是想要，那就可以出手了。

假装拥有：这是我在零售店里工作时用到的一个技巧。非常有趣的是，当我长期被各种衣服包围，能轻而易举地以员工折扣价买下优质新款时，购物的渴望反而淡了。我逐渐开始对商场、逛街和衣服失去兴趣，新品杂志扔在一边，几乎什么都不买。我总是觉得店铺就是我的衣橱，什么我都可以拥有。偷食禁果一般的冲动逐渐消失——当我觉得已经拥有时，就没那么想要了。

不是非得在零售店铺工作才能使用这个技巧。如果你想买什么东西，把照片打印出来贴在镜子上或是设为电脑屏保，让自己每天都能看到。这种超饱和体验往往会导致满足，甚至失去兴趣。我经常去隔着橱窗看那些我特别喜欢但不需要的商品，比如看看 Manolo Blahnik 的高跟鞋、Asscher 的订婚戒指、Cartier 的白金镶钻坦克腕表等等。而网络也是让自己打消念头的好办法。在你反复地看了几次购物车之后，你会发现据为己有的兴趣，是会慢慢下降的。

注册障碍：网络的高效快捷，也助长了冲动购物的可能——不用开车，无需车位，免于试穿，没有熙攘，不用排队，永不打烊。你可以在凌晨 3 点钟，戴着满头的卷发海绵，用勺子挖着 Nutella 榛子酱，逍遥网购。这种"不慌不忙、放飞自我"的购物方式，对那些本就病入膏肓的购物狂来说极度危险。

在这个购物越来越容易的时代，要戒掉购物并不容易。我曾经很天真地想借着大斋节，戒掉无节制逛街的毛病。结果防不胜防，我忘了还有互联网。之前注册过的品牌，什么 Ralph Lauren、Neiman Marcus、Saks、Burberry、Banana Republic、Tory Burch 和 Nordstrom 并不会放过我。怎么办呢？我注销了账户，故意给自己设置了障碍。

从"加入购物车"到"确认订单"，不应该这么容易。当我不得不再输一遍个人信息时，我发现，自己有时间考虑这次购买的必要性。直到大斋节结束，我的购物癖已经不药而愈——暂时的。

三思而后买：冲动往往是不经大脑的。还有个能拯救不良购物习惯的办法，就是 "三思而后买"。这样你能对自己购物前的感受有所察觉；能想想自己在何地、何时、为何而购物；购物时和购物后感受如何；下次购物是什么时候等等。这种方法让你能审视自己的需求，区分需求和欲望。

我是个坐不住的人，让我坐下来静静思考更是难上加难。人们往往没心思去倾听自己的内心。在我接受成为心理医生的培训中，需要学习如何让患者多用脑思考，多察觉自己的想法和行为。这样一来，我对自己的行为，也更有觉察。虽然最开始并不容易，但随着自我觉察的实践所唤醒的关于当时当地的体悟，我慢慢体会到冥想、放松、深呼吸、记日志带来的诸多益处。时刻审视自己的情绪和导致的后果，对遏制购物冲动十分必要。如今，我每次刷信用卡之前，都会三思而后行。

基本款：成功衣品的关键

有些人过度消费并不一定是源于对逛街的热爱、对潮流的痴迷或内心的挣扎，她们完全有可能只是因为不知道怎么搭配衣橱里的衣服。当她们发现自己的存货四分五裂时，只好去添置新成员来暂时解除"衣橱警报"。

很多人的衣橱里堆满了"衣橱警报"的产物，但这些衣服也是驴唇不对马嘴。临时抱佛脚买衣服的习惯会自我强化。救场衣服买得越多，今后就越会重蹈覆辙。心理学的格式塔理论认为，整体大于部分之和——即使每一件单品都很不错，但是如果相互搭配不了，那么这也是一个功能失调的衣橱。学会给这些功能各异的单品创造一点化学反应，将对治疗救场导致的过度消费大有裨益。

打造万能衣橱时可以借鉴家居技巧。在家居装饰中，所选的椅子、桌子、沙发等应当和室内空间大小成比例，款式简约经典，和其他家具保持风格相融、色彩协调。而像抱枕、工艺品和地毯这些配饰，则应用来凸显房间的个性，可以根据潮流轻松调换。如果把主要家具想象成一块画布，那么这些配饰则应该是画布上的色彩。

打造衣橱的基本原则也是先挑选经典款——黑色或驼色的西装，深色直筒牛仔裤，紧身连衣裙，以及剪裁凸显身材的纯色羊毛裤等。对待出格的印花、荧光、亮片和流苏之类的元素要保持谨慎。在选购这些万能款时，切忌跟风。把创意发挥留给鞋子、腰带、围巾和珠宝之类的配件，尽情尝试不同的色调、材质、缀饰和图案！

精挑细选出经典款之后，你会发现，自己能在不同场合、不同时段、不同气候、不同档次中游刃有余。还记得我们把特莎的衣物分成哪四类吗？

第四级：正式场合。

第三级：晚间约会。

第二级：职业商务。

第一级：周末休闲。

也许你不一定需要四个级别，但是基本规则不变。按照这样的层级划分，你可以轻松找到横跨多个层级的经典万能款和特定场合的专用款。

先从衣橱里挑一件衣服出来，比如一件白衬衫，把它和其他衣服搭配试试效果。

第四级，正式场合：这件衬衫可以配上西裤或者缎面长裙，绑带高跟鞋，盘个低发髻。

第三级，晚间约会：搭配紧身短裙、迷你裙或西装短裤，脚穿带防水台的细高跟，披肩卷发。

第二级，职业商务：把这件衬衫穿在里面，外面穿上无袖长裙、小西装或开衫；下装搭配阔腿裤或者铅笔裙，穿双小猫跟鞋或者平底鞋，直发或者低马尾。

第一级，周末休闲：衬衫外面搭配皮草背心，下身紧身牛仔裤，脚穿马靴，用发带把头发俏皮地盘在后面。

通过以上练习，你会明显发现，白衬衫确实是衣橱里的"绝对主力"。不管是哪个层级的风格，它都能应对自如。假如逛街的你正在纠结买一条珍珠长链还是买一双细跟过膝皮靴的话，那就试试刚才的练习吧。

第四级，正式场合：这件衬衫可以配上西裤或者缎面长裙，绑带高跟鞋，盘个低发髻——这身搭配中，可以把珍珠链作为叠层项链佩戴，并固定一枚钻石胸针作为装饰。

第三级，晚间约会：搭配紧身短裙、迷你裙或西装短裤，脚穿带防水台的细高跟，披肩卷发——可将珍珠长链在底部打一个结作为装饰，也可以将长链紧贴脖子垂挂在背后，这时可以搭配一双长筒靴。

第二级，职业商务：把这件衬衫穿在里面，外面穿上无袖长裙、小西装或开衫；下装搭配阔腿裤或者铅笔裙，穿双小猫跟鞋或者平底鞋，直发或者低马尾——这身装束里，可以搭配各种长度的珍珠项链。

第一级，周末休闲：衬衫外面搭配皮草背心，下身紧身牛仔裤，脚穿马靴，用发带把头发俏皮地盘在后面——这时可以把珍珠项链卷几圈作为手镯。

珍珠长链适用于每个场合，但长筒靴只能用在第三级。这时候该选什么，一目了然。

决定去留

如果你也跟特莎一样，衣橱里有很多美貌单品却从来不穿，在时尚界是不可饶恕的。请穿上那些压箱底的好货吧。如果你是在等待某个最合适的场合，那就是现在！如果你还是觉得自己不会穿的话，不如送给那些现在会穿的人吧。

生命的意义在于，知道自己有什么，可以为别人做什么。在这个星球上，人类的资源、才华和天赋的总量是既定的。最大化发挥价值，才是不负恩泽。如果有些东西在别人那里能够发挥最大价值，那就大方送出。整理衣橱的考量原则也一样。你如果有好看的衣服却从来不穿，就送给别人吧。

每当你添置一件新东西时，也请送出一件存货。这样一举两得：一，你增加了那个人的幸福感；二，让你有机会审视自己所拥有的，断舍离不用的，为新成员留下空间。这种刻意干预可以确保你不过量囤积。当然，赠给他人的东西并不仅仅局限于衣服。

把那些除了积灰之外别无他用的物件淘汰掉，将自己置身于意义与惊喜之间，生活会变得更加美好。

关于购物强迫症的补充说明

若一个人总是不在乎购物对生活的负面影响，继续挥霍无度，那就上升到临床问题了。购物强迫症也称购物癖。有接近 10% 的人患有此病，主要是女性，年龄集中在 15—30 岁之间。虽然这一病症在最近几十年里迅速蔓延并日趋严重，但是对它的研究及临床实践仍十分有限。这种慢性心理疾病如今已遍布全球各地，在发达国家更为严重。虽然人们早在 20 世纪初就已经发现它，但目前仍然缺乏对它的清晰定义和科学解释。[5]

购物强迫症通常由购物之前的紧张和焦虑所引发。而"购物"这一行为正好能短暂舒缓紧张感和焦虑感。这种联系的建立促使患者的行为逐渐变得冲动、过激并且上瘾，还可能产生压抑感和受害感，导致理财不善，甚至干扰家庭、社交和工作的正常运转。这种冲动控制失调往往具有破坏性，并且很难控制，因为靠购物来释放负面情绪的短期效果明显，却往往掩盖了长期问题。

　　这种失调可能呈现家庭遗传特征和神经生物学病因，时常与其他心理失调症状并存，所以，剥离性临床诊断以及与其他失调症状的区分极为困难。经常与购物强迫症同时出现的症状包括情绪障碍、焦虑症、滥用药物、暴食症、冲动控制障碍、强迫症以及人格障碍。此外，通常，很多购物强迫症患者也同时是囤积症患者。目前看，要治愈购物强迫症很难，但抗抑郁剂和认知行为小组治疗有一定的疗效。

第二章

断舍离记

致将一生塞入衣橱的囤积者

衣橱几乎塞满了，柜门合页眼看关不上了。鞋子在地板上堆成一座摇摇欲坠的小山，上面横七竖八地躺着不再合身的脏衣服。环顾四周，目之所及尽是装着新衣服的购物袋和包装盒。抬头向上看，金属杆被过时的夹克、不成套的西装、粗线上衣、穿破的牛仔裤、圣诞节毛衣、万圣节道具，还有只穿过一次的伴娘服压弯了腰……衣橱空间紧俏程度堪比纽约房地产。等等，这些东西难道不应该收纳到床底下吗？

在美国，囤积之风盛行。人们不停地把新东西买回家，却没有养成把旧东西妥善处理的习惯，结果使得家里塞得满满当当。据统计，自 1970 年以来，美国的家庭住房面积从约 167 平方米上升到了 222 至 278 平方米。[6] 如今很多业主都会购买双车位车库，但结果还是没有地方停车，因为车库最终被用作储物仓库。人们甚至会把家里放不下的东西打包，寄存在租用的储物间。从体重理论考虑这个现象：如果摄入的热量高于消耗，体重就会上升；反之，体重就会下降；如果两者相等，体重则会保持不变。居住的空间不也正是如此？可惜的是，我们的体重能随之调节，但房子和衣橱空间却没有实现这种动态平衡。

你是否为坐拥这么大的空间还是不够存放东西而感到惭愧？东西太多的罪魁祸首有两个——购买和囤积。第一章里，我们解决的是"购买"的问题；在这一章，我们来想想为什么人们会保留一些东西。很多人有"无论如何也不能扔"的宝贝。积攒的欲望如果上升到了不健康的程度，会影响社交、工作和健康。

不是所有喜欢收藏、不爱扔东西的人都是囤积症患者。尽管在媒体报道和日常对话中，"囤积症"这个词很常见，但囤积强迫症是一个临床诊断中的专业术语，请不要把它和"邋遢"混为一谈。囤积强迫症是一种严重的心理疾病，发病率不到 1%，程度各异。[7] 它表现为喜欢过度收集东西，且无能力舍弃。这种行为失调极难治愈，并且时常伴有其他行为失调，包括强迫症、进食障碍和痴呆症。

不论你是真正的囤积症患者，或者只是行为邋遢，都会受到自己所处空间的影响，因为人所处空间的美感，不仅能反映出内心，还能反向影响心情。当我走入一个乱糟糟的房间，会觉得手脚无所适从，情绪和精神都比较紧张；当我走进一个空旷而没有任何装饰的空间，就会觉得自我暴露在外，缺乏安全感。没有柔软的毛毯，没有堆满抱枕的沙发，没有让人身心放松的物件——这样的空间让人觉得冷清、病态、无情。打造舒适家居环境和成功衣橱的关键，在于找到空和盈之间的平衡。除此之外，空间的平衡往往能反映出一个人生活的平衡。

空间里的物件能够影响我们的精神状态，还能反映出我们内心的情感世界。如果你的衣橱堆满了衣服，了解这种积攒习惯背后的深层缘由，将有助于改善你的行为。如果本章的内容引起了你的注意，那么你可能也是几千万"囤货党"中的一员。这并不意味着情况严重到需要专业人士介入，一点小技巧的辅助可能就会让你受益匪浅。

积攒的动机

一般而言，人们保留很多东西不扔，有以下几个原因：认为以后可能用得上；不知道如何处置；反映了某种情绪；给人以安全感；有怀旧的价值。

1. 也许以后还用得上呢。 说不定将来会重新聆听磁带，即使已经发明了 iTunes；那盆枯萎的盆栽，说不定哪天还会重发新芽；地下室里那颗螺丝钉，说不定什么时候就能找到所属的位置，对吧？啊呸，不对！绝大多数你一整年都没有碰过的东西，很可能是你根本不需要的。诚实面对自己吧，如果有什么东西坏了一年你都没去管，那你基本不会去修它了。

2. 犹豫不决。有两大原因造成了你在一片狼藉面前的回避行为：一是不知道该怎么处理，于是干脆放着不管；二是无法面对铸就这堆垃圾的情感伤痛。

如果你缺乏基本的物品摆放整理体系，那么东西就会越堆越多。首先，你可能不知道东西应该放在哪里；其次，即使知道，你也可能无法解决到底是扔是留的烦恼。所以，在添置新东西之前，请务必先把"放哪里"和"放什么"想清楚。不过，对于大多数人来说，这并不是件容易的事。

3. 物品体现了内心状态。一间满满当当、凌乱失控的房间，很可能是某种内心感受的外部表现。它也许源自过去遗留的创伤，也许来自当前面临的困境。如果一个人刚失去工作或至亲，正经历着伤心或可怕的疾病，那怎么可能还有心思去打理自己的衣橱？有时候，逃避清理能让人保持冷静。这种情况下，把衣服乱扔一地，或是堆在盒子里，或是不拆标签晾在衣橱中，都是情有可原的。但等这段特殊时期过去以后，清理房间有助于疏通精神世界。你见过哪个水疗中心、休闲会所是乱糟糟的吗？你愿意到一个邋遢的水疗中心去按摩吗？你愿意去一个堆满垃圾的休闲会所放松吗？

4. 邋遢也没什么不好。置身于自己熟悉的物件当中，就像在想象出来的汪洋大海之中被救生筏保护着一样。那些物件就是我们的保护伞，承载着我们畸形的安全感。在查尔斯·舒尔茨的"花生"连环漫画《史努比》里，莱纳斯走到哪里都随身带着他的毯子，毯子已经成为他自我的一部分。你家里的"雪崩"也是你自我的一部分吗？周六的夜晚，你会因为散落满地的鞋子就不再寂寞吗？书架上那堆 CD，能减少你对未知的恐惧吗？你觉得囤积了足够一个村的人享用的食物、纸制品和花哨不实用的小玩意儿，就能消除对自己财务危机的担忧吗？

　　5. 它让我想起了过去的美好时光。我故意把这个借口放在最后，因为它最为普遍，听起来最为合理。"那—可—是—我—的—人—生—若—只—如—初—见—啊！"如果每次有人用这个理由拒绝扔东西我就能得到一元钱的话，那我早就成富婆了！你掉的第一颗牙、剪掉的第一撮头发、穿的第一双鞋和儿时的工艺品，还有罐子里放了很久没用的东西，这些东西已经没有任何留下的意义了。就算你的大脑即将进行神经网络剪枝手术来剪掉部分记忆，也没必要把这些东西都留着，因为不是所有的记忆都有意义。所以，充分利用你的大脑记住该记的，和剩下的说再见吧。

垃圾、衣橱和衣服

　　在一个沙丁鱼罐头般的家中，把衣服乱扔一气是最不严重的问题，而且往往收拾起来最快、最有成就感。我去客户家里的时候，经常会发现，他们留着某些衣服，要么是为了将来某个可能用得上的场合，要么是为了过去曾经拥有过的生活，唯独不是为了现在。我非常讨厌看到那些精致的衣服挂着吊牌，和其他过时、不再合身的衣服挤在柜子里，难见天日。

上述行为往往发生在那些正在经历人生重大转变的人身上，他们有的减肥成功，有的正经历情感关系的变化，有的则面临职业生涯的转变。既然你有勇气应对减肥的挑战，为什么不自信地穿上那些合身的衣服呢？不要再等待了，就是现在！请把那些不合适的东西捐掉或退掉吧！很多女人攒着最好看的衣服，要等到遇见白马王子的那一天才穿。但是姑娘们，最新密报显示：不穿上最迷人的衣服，就永远遇不到你的白马王子！现在就换上你压箱底的宝贝吧！你是不是厌倦了格子间的生活，梦想着换一份更精彩的工作，并为此添置了很多耀眼的职业装？这些衣服是不是挤在衣橱角落，连包装袋外的空气都没有呼吸过？穿上它们吧！衣服再好看，如果全世界只有你一个人知道，那有什么用？你值得大放异彩！

造成衣橱凌乱的另一个常见原因，就是那些百年一遇的便宜货。"当初买的价格这么划算，怎么舍得扔了呢？"虽然我不否认，你确实能在打折促销时淘到一些超值并且需要的东西，但大多数时候，它们都是冲动购物或是占便宜心理的产物。长远看来，把它们存放在衣橱里，既花钱，又占空间，还浪费时间——从一团乱麻中翻出一套能穿的衣服总需要花费更多时间。你可以把不穿的衣服送给别人，利用打折机会购买自己需要的衣服，添置高档经典款和重要的流行单品。

有时候，我们留着那些没穿过也永远不会穿的衣服，是因为觉得扔掉是浪费。但是，把那些穿坏的、洗不干净、不合身的衣服当传家宝，只穿过时的款式并不是真的环保。将不穿的衣服送给有需要的人，才是减少浪费又造福民生的做法。

现在有不少组织回收旧衣服、旧毛毯，进行废物利用。用心找找，你就会发现身边有许多环保组织。有时候动物收容所需要衣服和床品布料捐赠，变废为宝，给失去父母的小动物带来温暖和快乐。如果你希望时不时还能看到自己的宝贝衣服，可以发起一场衣物互换活动。只需要保证，交换的衣服都是崭新、干净、依然流行并且合身的就好。

积攒衣物是生活的一颗安慰剂，用以缓冲交织的恐惧——人们总是害怕自己拥有的不够，害怕以后突然需要什么却没有，害怕自己没衣服可穿，害怕把这些东西处理掉就会失去一部分自我。在这个"计划赶不上变化"的世界，把架子上、抽屉里都塞满衣服也许确实可以带来安全感。然而如果你能够真正战胜恐惧，游刃有余地淘汰掉一些衣服，你会发现那种恐惧只不过是自己的想象，很容易克服。慷慨的赠予能帮助你摆脱恐惧。朋友，是时候放手了！

怀旧是阻碍人们断舍离的绊脚石。每次收拾衣橱，都是和怀旧情绪的一场交锋。你还能记得自己初吻那天，穿的是哪一身衣服吗？毕业那天？学滑冰那天？获得第一份工作那天？这些物件让你回想起旧日时光。但如果因为这样的情感联系而无法放手，那你就成了过去的奴隶。如果你想继续向前，先和过去作别，从整理衣橱开始。

最后，阻碍人们断舍离的还有一个老生常谈的原因——逃避。打开衣橱的门，就像钻进了一只无法击退的野兽的血盆大口，里面到处是衣服、鞋履和饰品。有时候感觉让柜门紧闭，期待那一团乱自动消失似乎是更好的选择。朋友，你没有这么脆弱！开始收拾你那让人望而却步的衣橱吧！逃避不会让问题自动消失，但把整理衣橱分解成可控的小任务可能会让这件事变得更加简单。积跬步，方能至千里。如果你的逃避行为已经不仅停留在物质层面，还钻进了你的精神层面，那你则需要里里外外来一场彻底的大扫除。

凌乱程度检查清单

☐ 衣橱和抽屉都已经塞满。

☐ 需要额外购买整理箱才能装下所有东西。

❏ 衣服和饰品还占据了衣橱之外的地方。

❏ 还留着五年前、十年前，甚至二十年前的衣服。

❏ 还留着洗不干净的、穿破的衣服。

❏ 还留着已经不合身的衣服。

❏ 上次把衣橱里的东西送人是什么时候？

❏ 在决定一个东西该扔、该送，还是该留时，你有困难吗？

❏ 把以后或许还用得上的东西送给别人，你会为难吗？

❏ 你是否会因为某件东西承载着记忆而难以割舍？

❏ 衣橱凌乱是否会让你感到压力？

❏ 家里其他地方也是一团凌乱吗？

❏ 你的亲友们有没有建议过你收拾一下房间？

❏ 他们愿意为你提供帮助吗？

❏ 你是否有过因为房间太乱而不好意思邀请别人来做客的
情况？

❏ 你会不会因为缺乏整理而不知道穿什么衣服？

❏ 你是否在衣服已经成堆的情况下继续添置？

❏ 把衣服送人的想法会不会让你不痛快？

　　如果你的大多数答案都让你感到情况不妙，那么可能你的衣橱门已经关不上了。是时候好好清点库存，问问自己为什么留着它们，你到底真正需要哪些衣服了。

案例研究

艾丽的故事
——理顺衣橱，理顺生活

在我的客户中，艾丽可以称得上是脱胎换骨的一位——不单解决了房间和衣橱的邋遢，还彻底整理了自己的生活。这一切都开始于华盛顿夏天的一个周末，她打电话给我，寻求一场整理革命。

"你好，鲍博士。我最近研究了很多关于收纳整理的信息，结果就看到了你的资料。我一直计划着给你打个电话，但始终没有勇气。我很快要招募新室友，因此需要尽快清理一些东西。现在的室友马上要搬走了，最近会有不少人来看房子。"

"好的，艾丽。我们肯定可以一起解决你的问题。你希望我什么时候来？"

"这个嘛……"

接下来，她长篇大论地叙述了对这个过程的具体想法，包括约见地点、所需时长和家里东西的体量，但当我打算敲定具体时间时，她总是无法确定。最终，我只能使出一项经典疗法里的杀手锏：让她做选择题。这招对于那些犹豫不决、患有选择困难症的人特别有效。艾丽困囿于自己的想法，结果总是一步都迈不出去。所以，我的第一个任务，就是让她行动起来。

车日复一日地行驶在同一条路上，会形成车辙。顺着这个轨迹驾驶，肯定更容易，也更难另辟蹊径。久而久之，开车的人会误认为，那是唯一的路。艾丽总是在想象清理旧物的过程，慢慢形成了"车辙"，无法跳出来采取行动。层层衣服，掩盖住了其他可能。

经过漫长的准备，艾丽总算痛下决心，疏通自己的生活。我第一次去拜访时，就先被堆在走廊里的东西绊了一跤。在我们开始整理衣橱之前，艾丽跟我分享了一下她目前的进展——她已经阅读了一些自助类书籍进行自查，建好了一个文件夹来装讲义，还买了一个笔记本来记录流程，一本行事历来设定目标。

完美！真没少准备！遗憾的是，到了该动手的时候，她却一拖再拖。要做出转变绝非易事。开始做自己抵触的事情，意味着打开潘多拉的盒子——痛苦、沮丧、伤害、无望和愤怒都会倾泻而出，迫使你直面未知的未来。

心理学家詹姆斯·普罗查斯卡的跨理论阶段变化模型，把转变分成了六个阶段：

（1）"前意向阶段"，人们并没有考虑过转变，也不认为有这个必要；

（2）"意向阶段"，人们会审视转变的成本和收益；

（3）"准备阶段"（艾丽就困于此阶段），人们会制定行动计划；

（4）"行动阶段"，人们会做出可衡量的行为改变；

（5）"巩固阶段"，人们会长期保持转变后的行为；

（6）"复发阶段"，则指人们暂时恢复到转变前的状态。[8]

因此，转变真正开始于采取行动的那一刻。艾丽不敢清理房间，那怎么让她迈出第一步？在对客户、家人、朋友的各种治疗中，我发现，痛苦感知度最小的启动改变的方法，是从衣橱开始。时尚行业在季节的更迭中把这一概念发挥到了极致。谁没被"去年的衣服配不上新年的你"这句话洗脑过？改变穿着打扮往往是开启深层变革过程的有效方法。于是我和艾丽从衣橱开始下手。

"艾丽，我们现在不会扔掉任何东西，"我先让她宽心，"我只想看看你衣橱里的存货，来了解你是一个什么样的人。我们先把大衣橱里的东西都摆到床上，你给我讲讲它们的故事。"

在分析她衣橱的过程中，我观察到了两个重要的细节：第一，她经常用一些时间短语，例如"那时候""几年前""我年轻的时候""很快""有一天"和"最终"等；第二，她对过去的描述非常详细。我的记忆很少能精确到天，但她却可以讲出童年的细节。

"我高中男朋友去德国旅行时给我买了这个作为圣诞节礼物。他说，这件毛衣就像他给我的温暖一样。那时候，我们只是坐在火炉边看着雪景，就那么愉快。"

艾丽深陷于过往的记忆和憧憬的生活之中，无法自拔，而她的衣服也清楚地反映了这一切。她有两类衣服，一类是现在经常穿，但不喜欢的；另一类是从来都不穿，甚至还没来得及摘掉标签的。要么是为理想的未来而准备的，要么是为了渴望的过去而保留的。这就是问题的根源。

结果，艾丽像她的家人一样，把所有的衣服都保留下来。衣橱就是最好的体现——不管是否还流行，不管还能不能穿，不管适不适合现在的生活方式，不管是新的还是旧的，不管需不需要——悉数留存。这些衣服就像罐头里可怜的沙丁鱼，紧紧地挤在柜子里。

衣橱整理的黄金比例

盘点了艾丽的衣橱之后，我设计了一份衣橱整理方案。首先，把衣橱里至少三分之二的衣服处理掉。这就是我清理这类衣橱所运用的黄金比例——每三件东西中，必须扔掉两件。这一经验法则一直非常有效，我自己也是采用这种方法。每当感觉到自己有很多衣服闲置不穿，或者每天都不知道该穿什么的时候，我就知道该收拾房间了。这一招屡试不爽——只留三分之一的衣服，穿衣选择增加了一倍，花在考虑穿什么上的时间也减少了一半。（是的，我曾经是一名高中数学老师。）

揭开过去的面纱

艾丽对每件衣服都有感情，所以舍不得放手。每件毛衣、每双鞋子、每条裤子都能唤起她对某件事或某个人的记忆。衣橱是她人生的生动记录，每个物件都记录着她的历史，整个衣橱承载着她的故事。

囤积的习惯往往是习得性的。艾丽告诉我，她小时候居无定所，永远不知道父母什么时候又会因为失业、跳槽和调任搬家。长大之后，她养成了积攒东西的习惯，让她能在颠沛流离中，在自我与家庭之间建立一种锚定关系。但是，这一原本健康的在困难时期的应对行为，慢慢演变成负面的习惯。

艾丽难以割舍她的衣物，因为她觉得一旦放弃它们，就失去了自己的那部分过去。她是个感情用事的囤积症患者，习惯牢牢抓住旧物，以备有朝一日用它们唤醒那部分记忆。

"扔掉它们让我非常自责，就像是把曾经的自己一片一片抛弃。如果没有这些记忆载体，我怎么办呢？"

把自我与所有物区分开的想法，与美国文化中对身份的理解背道而驰。我们总是把"我是谁"与"我拥有什么"等同视之。然而，人是在切断了与外物之间的羁绊之后，才开始认识真实的自我。只有放开那些自认为不可或缺的东西，人们想通过抓住物品来填补的空虚，才能真正被填补。一些精神或宗教练习的核心正是学习脱离物质的束缚，寻找精神的觉醒。虽然收拾杂乱的抽屉或柜子，算不上多么清新脱俗，但整理的行为不会让你身心舒畅吗？不会让你下次买东西时停下来问问自己吗？

艾丽必须意识到，一个人的自我，包括记忆、经历和历史，并不附着在物质之上。自我的方方面面，都刻画在举手投足、一颦一笑之间，艾丽的成长一直受环境的塑造，所以她自身就承载着记忆和经历。

临床治疗囤积症的一个方法，就是让患者扔掉一些东西，同时不觉得失去了必要的资源。举例来说，如果你告诉那些总留着旧报纸、旧杂志的人，上网也能看到同样的信息，那么就可以说服他们把纸质版给扔掉。同理，艾丽在意识到她能够通过日记和照片来回味依附于旧衣服上的记忆时，便能安心把旧衣服送给别人。她同时还认识到，衣橱里大多数衣服都没法再穿了，却占据着衣橱乃至生活的珍贵空间。即便有些回忆无法转换成日记或照片，也可以停留在她的故事里，驻足在与那段记忆亲历者的互动中。

我把艾丽带到她房间的那面衣橱镜前。

"亲爱的，看着这面镜子。你想看到自己的过去？那就好好看看镜子中的这个人。你依然觉得失去那些东西就是失去自我吗？下次再有这种感觉，你就站在镜子面前看一看。自我从来没有失去，就在这里！"

那些没机会穿的衣服

除了那些记忆的载体，艾丽的衣橱里还塞满了"可能会用得上"的衣服，大多数只是摆设。高中时的天鹅绒长款礼裙、芭蕾舞裙，新奥尔良 Mardi Gras[①] 狂欢节的饰品，实验室专用的白大褂，应有尽有。她把这些衣服密密实实堆在衣橱里，全心全意地相信，总有那么一天，她那条夏威夷草裙会派上用场。但可惜，在华盛顿举办夏威夷晚宴的概率微乎其微。

我需要说服她，将那些一生只穿一次的衣服所占的空间腾出来，放置更多常用的衣服。这次对她衣橱的大清理，就是一个把那些与当前生活方式不匹配的旧衣服淘汰掉的好机会。

根据艾丽自己的分析，这么多衣服不仅占据空间，还反映出她需要关注的领域或该戒掉的习惯。比如，她留着那件夏威夷晚宴的裙子，不是为了将来某一天用得上，而是因为她还想回到那儿去学做夏威夷菜；那件还没拆掉标签的健身T恤，承载着继续练习瑜伽的希冀；而那套从未穿过的"性感约会装"，既没有机会看良辰美景，更没有机会度春宵一刻。在工作、学习、相亲中见过各色"挫男"之后，艾丽心灰意冷，没时间，也没动力再穿上那件衣服去寻找自己的"白马王子"。

---

① 译者注：Mardi Gras，又名 Fat Tuesday，指的是狂欢节庆祝活动，从主显节的基督教节日或其之后开始，在复活节前的第七个星期三圣灰节前一天达到高潮。

在处理那些无用的和没穿过的衣服时，艾丽透露出许多快要放弃但从未忘记的爱好，以及隐藏的梦想和被埋没的希望。人们时常会在潜意识里压抑自己有关痛苦的情绪和记忆，把它们埋藏在意识无法触及的地方。艾丽衣橱里的衣服就代表着她的潜意识，存放着未完成的梦想和痛苦的经历。

心理学，尤其是精神分析学派，认为人们必须要把潜意识释放出来，化解它制造的冲突。艾丽也需要打开沉积于潜意识的素材，审视其中的内容，并开始解决它带来的冲突。她的改变从报名瑜伽课程开始，同时开始为夏威夷岛的旅行攒钱。她还在相亲网站上注册了账号，并穿着一件她从"深坑"一样的衣橱里挖出来的宝贝拍了头像照片。随着那六个"废品"口袋里的东西越来越多，艾丽也在走向告别——不再在以前的男友、失去的朋友、逝去的亲人和过去的时光之中踟蹰不前。她也总算意识到，不需要靠抓住衣服不放来定格生命的点滴。

轮到你了

你的衣橱里也住着一个弗洛伊德吗？清空衣橱，说不定你能抓到他！

只有你能保存自己的记忆和情感。物品是因为人刻意寄托的感情而变得有意义的，但你也有能力选择不这么做。也许你也和艾丽一样，因为某件衣服代表着某人或某事，所以才攥在手心。如果真是这样，那你肯定不愿意扔掉它们，觉得这么做就像割掉自己的肉一样！多愁善感是衣橱凌乱的头号嫌犯。为了不让你的衣橱成为祭奠过去的神龛，你可以借用别的办法来存储记忆。

在和艾丽一起整理房间时，我发现她竟有上百张照片，用来记录自己的人生。这些照片就是她衣服的有效替代品。你会发现，那些人和事的照片，也和衣服一样，能唤醒你的记忆。

还有一个办法，就是把衣橱里的东西拍成照片。照片可比衣服占据的空间小多了！还有些人，会把衣服裁剪成小布片，缝成一床被子。如果你有预感这会变成一个"烂尾工程"，请慎重选择。发挥想象力，寻找更多替代办法，宗旨是要把你从那堆无用的衣服里解救出来。

每次思考哪些东西像衣橱里的垃圾一样占据心智，我都会联想到《圣诞颂歌》里面马利的魂灵再访斯克鲁奇那一幕。斯克鲁奇为他打拼一生换来的财富担惊受怕，那你呢？那些本该带给你快乐的物质是否适得其反，让你备受折磨？正如一位智者所言：通往平静的路切勿为俗物所累。

当然，每条规则都有例外。可能真的有些东西，就是让你无法割舍。但你要确保，它只是个例外。你可以把最珍贵的东西放到衣橱深处一个小匣子里。那就是你的百宝箱。不要让"例外"超出百宝箱的范围。但你可以用贴纸、亮片来装饰它。这种方法对于管理孩子乱扔玩具的习惯也十分有效——当百宝箱超额了，你就必须忍痛割爱，舍弃一些。

这种断舍离的技巧可以应用到生活的方方面面，从课业到应酬，从负面的自我陈述到优惠券，一旦积攒太多，就需要有所舍弃。简约，让生活更美好。

如果你觉得某样东西将来会用到，所以一直留着，那今天可能是让它离开的良辰吉日。这一辈子我听过许多整理建议，所以请相信我，"一年都没碰的东西就该扔掉"绝对是至理名言。当然，一些特殊正式场合的礼服和首饰除外。如果你和艾丽的衣橱问题相似，可以思考一下当前的存货和生活方式是否匹配。举例来说，如果怀孕已经是很久之前的事，那孕妇装就不用再在你的衣橱里占据一席之地了。我妈妈为她的孙子孙女积攒了大量非常可爱的婴儿装和玩具，但是考虑到我们这一辈基本都还是单身，这些东西其实派不上用场，更像是为了重温孩子成年前的岁月，满足她更深层次的愿望而存在的。对不住啦，妈妈！

如果你的现有着装和生活方式不协调，那就要深入思考一下，到底为什么还留着它们。是因为觉得以后还会重拾网球或者成为探戈舞者所以不舍得扔掉那件衣服吗？那条为灰尘提供了四代同堂场地的红色连衣裙，代表着你依然想要和命中注定的另一半（如果存在）约会的炽热渴望？拜托！你还留着那条 S 码的牛仔裤，是觉得自己放弃运动、顿顿快餐了 20 年，还能有如神助，靠润肤露把自己塞进去吗？几年前你被交往了五年的男朋友甩掉的那天穿的菱纹羊绒毛衣说不定正在大声抗议："求求你翻篇吧！"这件毛衣已经找到了新的归宿。你没听错，毛衣都已经找到了新家，它现在的主人没准儿也有了新的男朋友。

我必须提醒的是，像任何心理治疗一样，揭开过去可能会让你释放出令自己难以招架的情绪。你可能会感到失落、后悔、失望和绝望。这是非常正常的。勇敢地感受这些情绪，拥抱可以采取行动、促成正向改变的机会。如果你还在未雨绸缪地保留一些东西，这可能是你有未解之结的信号，这正是做出改变的最好时机。倾听衣物们的声音吧，它们有话要讲。

打造理想人生行动计划

如果你跟艾丽情况类似，那么在淘汰衣服前，应该把本来留着这些衣服所等待的理想生活规划出来。那些挂在衣橱里让你不知如何处置的衣山鞋海也可以带来希望。你可以像艾丽一样，规划出自己一直以来所期待的人生，清理掉千丝万缕的旧日情感。这样一个过程让你能够把美好的回忆内化到心里，而不是塞在床下的箱子里。将自己的过去内化于心，是停止外化于物的开始。

选取家里最舒服的角落，开始动手勾勒长久以来期许的人生吧。先从家庭、人际、爱好、教育、精神、爱情和工作这七项中选出三项，作为改善的切入点。选定之后，再针对每一个方向制定清晰的目标。接下来把目标分解成更小的、可采取行动的任务，并时刻思考是不是每个任务都能在一星期内完成。在每个周末，回顾哪些任务行得通，哪些行不通，并为下一周添加新的有效任务，一步步向目标迈近。这种以行动为导向的方法，最适合像艾丽那样一直纸上谈兵却迟迟迈不出第一步的人。

艾丽设计行动计划时，挑选了三个待改善的方面：工作、人际和爱好。她的目标是，找到一个能不断完善自我、保持内观并且与个人健康有关的职业。她搜索了健康中心、替代医学和水疗保健方面的岗位，对比哪个岗位更有助于实现她的目标。她之前还对健康护理的培训课程很感兴趣。于是，我们研究了线上课程，当地中心的免费讲座和预算之内的培训课程。她必须每周完成三个小任务来朝目标迈进——例如给招聘方打电话、投简历、参加培训和更新求职简历。

人际关系是艾丽想要改善的第二个方面。我们一起完成了她行动计划的第二部分——社交日历。就像制定工作计划一样，艾丽必须每周完成一些任务，朝着更活跃的社交生活、寻找另一半迈进。这些小任务包括，在约会网站上传个人信息，邀请朋友一起午餐，参加社区聚会结识当地人，晚上出去喝酒放松一下，邀请朋友们来家里共进晚餐等。

行动计划的最后一部分和爱好有关——她热爱的食物、

花卉和艺术都可以归为此类。发展兴趣爱好的妙处在于，可与改善人际关系的任务自然结合起来。艾丽可以同朋友一起去美食店，和哥哥一起参加画廊开业典礼，也可以和约会对象一起去买花。艾丽也认可将这两类任务结合起来，使得操作更容易。这样一来，她每周能同时完成发展爱好和丰富人际关系两项任务。

完成行动计划之后，别忘了最后的重头戏——为理想生活调整衣橱中的装备。对照计划改善的三个方面，从衣橱里面寻找能满足这些场合需求的衣服。为每周的活动准备一身搭配，查漏补缺。

艾丽根据她的"理想生活作战计划"，准备了适合参加面试、社交和活动等场合的衣服。她特别享受这个精心筹备的过程。于是我就满足她，让她把每套搭配记在纸上，然后贴在衣橱里边。

在这一过程中，艾丽竟然开始拆掉那些新衣服的吊牌，并把那些配不上自己理想生活的行头放到衣橱深处。无须我多言，她自然而然地重新评估自己的需求和所有。梦寐以求的新人生就这样开启了。而这一切，竟都始于一件小事——打开衣橱。

完成了衣橱转型之中最精彩的部分后，我们要淘汰那些不需要的衣服。清理旧衣服是最让人抵触的，所以请在重新感到人生充满希望时再完成此步骤。你可以借助接下来的"二十步整理法"，审视衣橱为什么会被不需要的东西塞得满满当当，然后一举根治问题。

"好了艾丽，现在到了攻坚战——清理多年来堵塞你情感世界的'沉积物'。衣橱'便秘'是怎么发生的？你打算如何把它收拾干净？"

提出这些问题之后，我就离开了，让艾丽思考这些问题的答案，为她的新生活和衣橱计划埋下伏笔。

二十步整理法

我的所有客户都尝试过这种"二十步整理法"，效果喜人。它的妙处在于，你不需要专业人士在场就能自己操作。这一整理法易于执行，你可以独立完成，也可以叫上亲朋好友帮忙。

在实际操作的时候，请把时间控制在两天之内。实际上，大多数客户只用了四小时进行清理，再花四小时去采购、整理、摆放。在整个过程中，不要过度思考。扔废品这种事情，越快越好。伤口好了，就该把邦迪撕掉。

1. 场地： 找一块干净的地方，用来摆放衣服。通常最理想的场地就是你的床。如果家里实在乱得找不出一块干净的地方，问问亲友，看谁愿意借块地方给你。借用别人的地方有一个好处——因为有压力，所以决策速度反而更快、更有效率。

2. **清空**：选好场地之后，把所有的衣服全部拿出来——抽屉、衣橱、整理盒、整理箱、纸箱，一个都别漏掉。在这个阶段，先把运动服、家居服、睡衣、内衣、袜子、鞋子和配饰放在一边，晚点再来对付它们。

3. **分类**：把衣服在刚才找到的干净场地分成两大类——上装和下装。上装指衬衣、毛衣、外套、西装和连衣裙。下装指长裤、短裤、打底裤和连体裤。

4. **聚焦**：把衣服分成两类之后，从其中一类入手。我通常从更少的那一堆开始，提高清理成功的概率，降低出师未捷的风险。根据我的经验，下装一般会少一些。

5. **存放**：准备一个巨大的黑色垃圾袋或废物箱，用来堆放要扔和要送的东西。

6. **下装清理**：把所有过时的、洗不干净的、穿坏的下装马上扔掉。把版型或长短不合适的送给别人。接着把决定要留下来的放回刚才的"下装场地"。暂时别把它们放回衣橱里。上装清理好之后，我们还要二次过审。

7. **上装清理**：同清理下装一样。扔掉所有穿坏的、洗不干净的。太紧的、太松的、太过时的呢？扔啊！把选好的上装放回刚刚的"上装场地"，留待二次过审。

8. **评估**：重新评估摆在你面前的上装和下装。牛仔裤、白衬衫这类基本款有没有？上装和下装的颜色、材质、版型和风格是否协调？把和衣橱主体风格不搭的单品也在这一阶段淘汰掉。

9. 内衣： 完成衣服的盘点之后，现在打开放置袜子、内裤、文胸、束身衣的抽屉。把洗不干净的、穿坏的、不合身的扔掉吧。把没穿过的送给别人。

10. 功能： 这些内衣和外衣能够妥善搭配吗？举例来说，如果你有好多抹胸上装，但没有无肩带文胸的话，那么就要把后者加入到采购清单。如果你平时总穿紧身裤，但内衣里只有宽大的奶奶内裤，那就要考虑买点丁字裤、无痕内裤或平角裤。

11. 其他： 接下来需要清理的是袜子、睡衣、家居服和运动服了。你已经深谙其道——该扔就扔。把那些过去没穿过、以后也不会穿的，还有特立独行的家伙，送给合适的人吧。

12. 配饰： 最后处理首饰、围巾、帽子、鞋子等配饰。它们也是造型的一部分。把它们同其他留下来的衣服摆在一起看看，颜色、质感是不是合适？有没有穿坏的或过时的？

13. 二次过审： 首轮衣橱大清理到这一刻已经结束。接下来，就要启动第二轮过审了。重复刚才的过程。如果你觉得没有办法马上开始第二轮，那么先歇一两天，或者先离开现场，以恢复客观的判断。找一个懂行的朋友帮助你进行二次过审，可能会更有帮助。

14. 搭配： 如果你小时候喜欢给芭比娃娃穿衣服，那么这个步骤就是为你量身打造的了。尽情用留下来的单品做造型、混搭，或者叫上姐妹们，一起开个时装发布会，看看能不能用现有的存货搭配出时尚的造型。把喜欢的搭配记录下来，或者拍照存档。注意在这个过程中，你可能会进行第三轮清理。

15. 断舍离： 如果你按步骤完成前面的操作，那么此时你的衣橱就应该只剩下不到一半的东西了。我为客户制定的目标是，扔掉三分之二。从实际操作来看，至今为止，我每次都能达成这个目标。请记住：断舍离的目的，是让你留下一批版型合身、色彩怡人、适合不同场合的精锐部队，时刻保证你光彩照人。

16. 补货： 盘点存货，送出不需要的，留下来的则物尽其用。都完成了吧？好的，现在你可以查缺补漏了，购进需要的套装或靴子。从现在开始，每买一件新的，就得同时淘汰三件旧的。

17. 摆放： 用来存放衣服的箱子和衣架必须要美貌。千万别留着那些鞋盒、塑料包装、购物袋和纸盒。你不是收废品的！同时，不要买那些以后才用得上的储物用具。如果你不希望凌乱春风吹又生，就不要给它留下任何土壤。你可以根据季节和品类来整理衣物。比如，我喜欢把衣服分成春夏上装、春夏下装、秋冬上装、秋冬下装。鞋子也可以按照颜色和功能划分：古典棕色、时尚棕色、夸张棕色一组，古典黑色、时尚黑色、夸张黑色一组，凉鞋和正装鞋分开。

18. 计划： 把需要修理或干洗的衣服放在衣橱靠外的地

方。根据亲友介绍或网络评论，找到知名的裁缝店和干洗店，安排修理和干洗的时间。

19.庆祝：为你焕然一新、干净整齐的衣橱干一杯。

20.维持：成功贵在坚持！

过度着装

邋遢的习惯不仅会发生在房间和衣橱，也可能发生在一个人的身上。我的妹妹吉娜创造了"body clutter"（过度着装）这个词来形容这种现象。过度着装的现象可能有以下几种表现形式：首饰、配饰或者包包过多。

首饰

Bravo 电视台《家庭主妇》真人秀里的那些主角，可谓是"圣诞树式穿着"的国民范本。钻石手表、耳环、手链、吊坠、链子、戒指、脚趾环、脐环，一应俱全！

我的故事

有人休息的时候喜欢出国旅行，而我却不是这样。面对旅行和衣橱断舍离两个选择，我在任何时候都会毫不犹豫选择后者。直面一团杂乱、与猛兽搏斗、战胜它而不被吞没，这带来的成就感是无与伦比的。欣赏着按照颜色、版型和功能精心整理的衣橱能够滋养出沁人心脾的满足感。曾经脏乱的地方变得干净而开阔了。观赏整洁清爽的衣橱真是一种享受！

　　一场成功的清理的精彩之处在于，你不仅会意识到自己有多少衣服，也会意识到经常穿的衣服非常有限。如果你对企业组织咨询有所涉猎，那么肯定听说过二八原则，也叫帕累托法则：大多数情况下，80% 的结果是由 20% 的原因决定的。这套法则在衣橱上的体现是：你 80% 的时间里，只穿着衣橱里 20% 的衣服。

　　检验这个理论的方法多种多样。有些人通过把穿过的衣服反方向挂，来计算穿过衣服的百分比。有些人把必备款挑出来，接下来一个月只穿这些衣服，然后把剩下的处理掉。我则会通过把穿过的衣服反面冲外来计算每周的穿着情况。

　　对我来说，没有什么比分类、挑选、整理衣服更能收获掌控感。"和更少的东西生活在一起"所带来的是喧嚣当中的精神宁静。更少的物质意味着有限的选择和更轻松的决定。此外，因为留下的东西都是经过考验的精品，所以我很少会穿错衣服，无衣可穿的恐慌也就此消失了。

　　我曾经在加州纽波特海滩生活过一年。那时，收拾衣橱成为了我生活中的头等大事。当时，我正在离家五千公里以外的地方攻读硕士学位，经受学业和工作的双重折磨。生活如同在炼狱一般。每天，我都需要通勤至少三个钟头，穿过沙漠高速路，长时间地面对会给我带来情绪压力的来访者。回家后，我又总要独自面对空荡荡的房间，将全部空余时间放在毕业论文上。在当时的生活状态下，唯一能抚慰我情绪和身体的就是清理和收纳。收拾衣橱，是通过营造外部安宁来缓和内心那团乱麻的好办法。花一晚上时间，安安静静地把衣服搬出来摊开，再评估筛选，最后重新摆好，只留下原来一半的衣服。当一夜的劳动进入尾声，看着整齐的衣物和几乎空了的衣橱，我终于能从日常的嘈杂之中暂时喘口气。以更少的物质来生活，帮我大大缓解了白天的压力。

人们为什么喜欢披金戴银，把自己弄得比带着满身战利品的海盗还要引人注意呢？诚然，戴上亮晶晶的饰品是锦上添花，所以人们喜欢戴首饰，但有些人不愿浅尝辄止，总是觉得越多越好。珠宝有趣，然而过量也会显得低俗，甚至没有必要。堆叠首饰，就像是一口吞下整块巧克力蛋糕一样——再好的东西，也过犹不及。有些人因为没有安全感，想要炫耀，于是过量佩戴首饰。身上的首饰越多，就意味着越成功、越受宠、越有魅力？事实真的是这样吗？

话说回来，那些把首饰一股脑戴在身上的人往往缺乏搭配知识，也不知道在什么场合该运用什么首饰，结果走向两个极端，要么什么都不戴，要么戴满全身。首饰是时尚不可或缺的一部分。如果使用得当，它能够点亮整个扮相，但分寸是关键。

和穿着达成平衡：如果首饰非常前卫，那么穿着就要简洁。如果衣服比较有个性，那么首饰则要简单至上，甚至干脆舍弃。比如，衣领如果已经有装饰了，那么再搭配个多层项链就显得多余。这类项链更适合用于简单的紧身裙或者普通衬衫。

和其他首饰平衡：如果你佩戴了一件很出位的首饰，那就让它成为主打，不要喧宾夺主，特别是在同一个位置。如果你已经选好一对吊坠类的耳环，就不要再戴项链了。同理，要是已经戴了几个镯子，就不要再戴夸张的鸡尾酒戒指了。

混搭：如果你的首饰小巧精致，那可以多戴几样。如今，人们很少会佩戴一套项链、耳环和手镯。时刻谨记，挑选的首饰一定要让自己更加时尚，更有朝气，更有风情。

配饰

配饰过多也是穿衣打扮中的常见败笔。方巾、围巾、头巾、腰带、腰链、墨镜、头带、发圈、细节感或装饰物极为抢眼的鞋子同时登场，会造成穿搭灾难。这些配饰如果使用得当，都能给造型以及穿着者增添魅力；然而如果不分青红皂白把它们堆砌起来，就会喧宾夺主，让整个扮相失焦。配饰的目的，在于衬托，而不是竞争。

那么，如何解决配饰过量的问题呢？考虑一下我奶奶的建议吧——"简单至上，傻瓜！"少即是多。对配饰的运用保持克制，设定一个主角就好。

如果需要使用多个配饰，那么不要超过三件，并且确保它们之间是平衡的。如果鞋已经非常抢眼了，搭配一条简约的金属腰带、一副经典的金丝边飞行员墨镜就够了。尝试一件印花搭配两件净色，一件亮色搭配两件中性色。如果戴了首饰，那其他配饰就适当减少。反之亦然。杂志广告、时装秀和你喜欢的设计师网站，都能提供优质范本。

拎包

最后，我们来谈谈过度着装在拎包上的体现。没有什么比一个女人同时提着托特袋、旅行包和手拎包或包里装得鼓鼓囊囊更失态的了。你可能确实有很多东西需要带在身上，例如小孩的东西或者工作文件之类的。但即便真的是这样，也请尽量克制。如果历史课是在晚上，那就别全天都把历史书背在身上；如果只是出去吃顿饭，也不用带上一整包纸尿裤。

其实，很多人并不会——用到他们带在身上的那些东西。有时可能图方便，随手把糖纸、收据、围巾往包里一塞，但说实话，这是一个很无力的借口。请在每周挑一天时间清理你的包包，并且要坚持执行。我会选在周日来做这件事。把你钱包、手提包里的东西都倒在一个干净的地方，找出哪些是有用的，哪些是因为懒惰顺手塞进去的。

还有些人因为家里、衣橱和车里已经装不下了，所以把东西装在包里，让它成为生活物品过剩的又一个溢出点。不一可一以！包包是最容易收拾的了。抓住这个机会做出积极的改变，而这可能还会激发你做出其他改变。所以，让这个契机成为你的动力。

想一想你每天真正需要从包里取出哪些东西？钱包、手机、钥匙、基本的化妆品、笔、日程本、工作文件和婴儿用品。而其他那些并非每日必需的东西，就是垃圾。接下来，就像处理一间杂乱的屋子那样，去对付你的手包和钱包吧。仔细评估一下，应该把哪些东西放在包里。请把不需要的挑出去，这样才能明显减轻负担。

"把全副身家背在身上"看起来可并不体面。如果你实在需要不止一个包，那两个就是上限了——一个背包加一个托特袋，而且要确保包包美貌。你可以考虑柔软中性色的小背包，或彩色的帆布包。建议在颜色协调方面花点心思，钱包、背包、托特袋之间并不需要特别搭配，但至少不能冲突。注意选择和谐的颜色和材质。

最后，注意自己的身材和包包的尺寸要成正比。身材娇小的女人如果拎着一个大包，就会显得不堪重负；而一个高大的女人，如果使用一个小的手包，就会显得更加魁梧。

少即是多

衣服、首饰和配饰的作用应该是烘托，而不是喧宾夺主或者遮挡自我。少就是多——挑选出自己最爱的一件之后，就应该把其他舍弃掉。它们不一定非要搭配得天衣无缝，但至少也应该和谐。可以是同一色系（如蓝色），也可以是互为对比色（如黑和白）；可以属于同一种风格（如远征风），也可以源自同一流派（如装饰艺术）。如果你依然对穿衣搭配无从下手，可以看看电视，翻翻时尚杂志，搜搜时尚网站，或者请朋友帮忙。在衣服、首饰、配饰和包包之间保持平衡，兼顾协调感和个性感，让人们见到你时，记住你而非你的身外之物。

无论在漫长的一天开始之前，还是在劳碌了一天之后，衣橱都应该是你的后花园。收件箱已满，水槽里堆满要洗的盘子和碗，狗还没遛，孩子还没喂，此时此刻，衣橱应该成为你的自留地。别让衣橱提醒你那些没收拾的残局、需要清理的战场、没时间拓展的爱好、减不掉的体重和再也回不到的过去。它理应成为你的百宝箱，藏着常用的心头好，让你能够感受自己的美丽，信心满满地去追求向往的生活。

关于囤积症的补充说明

囤积症患者囤积垃圾和废品等没有用的东西，又无力弃置。这种对物质的极端依赖，会逐步造就凌乱的房间或院子。而且他们缺乏打理自己财物的能力，在处理物品时又经常拖延。除了囤积之外，这些人在处理财物方面往往又是完美主义者，并因此影响自己的社交。囤积症患者之所以囤东西是因为他们觉得将来用得上，东西有价值，或者它有特殊的意义。此外，这些东西往往能为他们带来安全感。[9]

囤积症通常始于青春期，并愈演愈烈。最开始的症状只是邋遢，难以下决心扔东西，结果会导致人到中年时，家里堆得满满当当。该病症的根源尚无科学定论。目前，有说法称该病跟遗传有关，因为一般该类行为都有家族史。此外，环境因素，如压力、亲友死亡、分离和自然灾害，也可能触发这一行为。[10]

爱荷华大学在 2004 年进行的神经学研究表明，获得和保留东西的欲望是由脑前额皮质层所控制的。[11] 该区域受损可能导致人们获得和保留东西的欲望失去控制。

如果你或者你爱的人正在遭受囤积症的折磨，你们可以寻求帮助，联系当地的健康中心（通常能在网上找到联系方式）。他们能帮你清理杂物、整理空间，并提供精神健康服务。该类服务包括咨询治疗、认知行为治疗和精神病学方面的药物治疗。

第三章
别再梦游

致衣着一成不变的沉闷派

重拾生活的激情

我们身边不乏"梦游者"。不相信的话，你可以在上下班高峰时段到市中心走走，周六去商场瞧瞧或者午饭时间去地铁站看看。有多少人目光呆滞、面无表情？

生活充满平淡无奇的日子。手机屏幕一直没有亮起，提醒你收到心上人的信息。人生也没有什么太大的变动。虽然从压力和应变的角度来看，没有什么大事发生才是好事，但当生活逐渐消融成一马平川，没有什么兴奋点打断日常的平铺直叙，将是十分压抑的。人生苦短，由不得我们浪费在漫无目的上。每天、每周、每月、每年临近尾声的时候，你是否曾问过自己："时间都去哪儿了"？

相由心生。内心世界的一潭死水会逐渐反映在外表上。你可能会很随意绑个马尾或者扎个发髻就出门，也不在乎还有半撮头发散在外面；你可能穿着皱巴巴、破旧的、黑白灰的衣服，单调黯然；你的鞋子可能已经变形，脏兮兮的，倒是把实用主义贯彻到极致。配饰呢？"啊？什么配饰？"说的是你吗？平淡无奇的衣橱，很可能反映出的是内心的乏味。

你可能已经意识到，整柜的黑白灰正在让你的生活黯然失色。最保险的西装套装加白衬衫的组合，让人昏昏欲睡。还有什么比卡其裤和 Polo 衫的搭配更让人无法心动的吗？你的衣服是不是太安全、太无趣、太不走心、太随意了？周围的人也是这样吗？如果是，而且看着她们让你觉得心安理得，那现在就是时候给自己的穿着风格注入点肾上腺素了。

这类小小的穿着问题非常普遍。很多美国人都有同样的困扰。这是一种轻微的抑郁症，我将其定义为"衣橱抑郁症"。摆脱它的最好办法，就是采取具体行动，战胜自己在衣橱面前的恐惧和懦弱。

衣着乏味检查清单

☐ 你每天都穿一样的衣服吗？

☐ 是不是同一类型的衣服有好几件？

☐ 衣橱里是不是有很多基本款？

☐ 款式是不是都比较朴素？

☐ 大多数衣服是中性色？

☐ 鞋的鞋型和颜色是不是都是基本款？

☐ 首饰数量很少，或是几乎没有？

☐ 逛街时，会不会总买已经有的东西？

☐ 购物对你来说是个任务，而不是一项有创意的活动？

☐ 买衣服是不是仅仅为了有衣服可穿？

☐ 你是不是觉得时尚无聊又轻浮？

☐ 不论什么场合，你都穿同样的风格吗？

☐ 你是否对早晨的穿衣打扮环节没什么兴致？

☐ 当你必须盛装出门时，你并不会很兴奋？

☐ 你是否觉得别人和你的穿着差不多？

☐ 你是否觉得穿衣服只是例行公事？

☐ 你是否觉得每天没有什么差别？

☐ 你是否觉得没什么值得期待的事情？

☐ 你是不是很想做出改变，但又心有余而力不足？

☐ 你是否希望有一柜子更让人心动的衣服，但却无从改变？

　　如果大部分的答案是肯定的，那你和你的衣橱都需要恢复生机！学会下面这些方法，并掌握逐步改善的技巧，你的穿搭与生活，都会迎来一些惊喜！

案例研究

萨拉的故事
——重燃生机

萨拉对衣着毫无兴致，但是她有勇气做出改变，为衣橱和生活注入活力。那天，她带着满腔的压力和抑郁来到我的办公室。自从毕业以来，她一直做着收入不菲但毫无热情的工作，这让她进退两难。她怀念与朋友出去玩的时光，已经连续三年将减掉十磅肉设为新年目标。她其实过得并不糟糕——与交往多年的男友感情稳定——但她开始意识到，自己一直在求稳，避免失败。她对生活感到厌倦，更不用说对衣橱了。

"鲍博士，我受够了。看着镜子里的自己，真是无聊、压抑。我感觉自己失去了对衣服的兴致，但又不知道如何解决。"

我们约了第二天早晨见面，一起彻底解决她的问题。我迫不及待想揭开她是如何让衣橱慢慢恶化瓦解的。虽然这是一个普遍存在的困境，但背后的原因迥异：可能因为完美主义，也可能因为情绪抑郁。这是一个恶性循环：发现衣服索然无味——看着镜中的自己自惭形秽——缺乏打扮自己的动力——衣服变得更不上台面。人们还有可能会陷入泥潭：如果没有办法穿得像 Vogue 杂志上的模特那样，又何必白费力气或是冒险挣扎呢？

踏进萨拉的家门时，我被成片的棕褐色和白色震慑得目瞪口呆。这里没有任何个性的气息，没有古怪的小玩意儿，没有亮色的点缀，没有任何古老的、稍显过时的或颇具创意的物件。我毫不怀疑，这种无趣，将在她的衣橱里再次上演。

果不其然。百叶门背后是卡其裤、灰裤子、黑裤子、黑白 T 恤、棕色和黑色的鞋、人字拖、棕色和黑色的腰带。虽然我是经典款的超级粉丝，认为它们是衣橱的顶梁柱，但是在看到萨拉的衣橱时还是会不禁怀疑，美的痕迹去哪儿了？

和现代社会的很多人一样，萨拉有着严重的衣着忧郁症。跳舞的衣服去哪儿了？周日早午餐的装扮去哪儿了？珍珠链子、高跟鞋和头巾去哪儿了？魅力去哪儿了？萨拉到底怎么了？

"萨拉，你看到的是什么？"

"一柜子无聊的衣服。"她承认道。

"那当你打开柜子时，希望看到什么？"

"我想要看到充满活力的、年轻清爽的东西！而不是这些！"

"好的。那为什么现实会和你的初衷相悖？"

她想了想，回应道："这些百搭款让穿衣打扮变得省时省力，不需要耗费脑筋。这样一来，我就又可以少操心一件事。不过现在尴尬的是，我看上去就像个在外表上不花任何心思的人。"

"所以，是什么造成了衣橱现在的这个小问题？你没有时间和精力，还是不愿花时间和精力在这上面？"

"我就是太懒了，希望一切从简。坦白说，现在的这些衣服就不用费脑筋。"

"那你为什么还来找我呢？"

萨拉继续解释，她同朋友一起出去的时候，觉得自己相形见绌。工作之中，她像一堵白墙一样没有存在感。就算和男朋友约会，她也开始觉得自己没有任何新意。只解决衣橱的问题非常简单。添置些鲜艳的上衣和连衣裙、闪亮的项链、性感的鞋子、时尚的腰带，就能解决萨拉的现状。但可惜，她的问题不只是厌倦了自己的衣服那么简单。

"那你觉得这种状态会给别人传递怎样的信号？"

"没有任何信号吧。一片空白。"

"那你真的是个一片空白的人吗？"

"嗯……我确实有时候觉得穿衣服就像例行公事，没什么特别不好，也不需要改变什么。但是，我猜我可以给生活带来一些细微的改变。"

"我们可以给你的衣橱和生活带来一点火花。现在开始吧！"

墨守陈规的心理

在一个变幻莫测、充满压力的世界里，很多人会觉得日程表或习惯能在生活的乱麻之中提供一份寄托。在心理治疗中，建立规律，制定每周计划或者规划一些固定活动，比如每日放松时间、每周约会之夜，或者每月一次的旅行，都是患者治疗和恢复的重要组成部分。

人类的大脑也会适应重复行为。随着某个行为不断重复，大脑信号就更容易通过固定的神经通路传递。你可以把它想象成一条布满灌木、岩石和树叶的小路。开始的时候荆棘丛生，走的人越多，路就会被清理得越干净，直到露出泥土，再被踩实，日复一日，最终形成好走的路面。我们的重复行为之所以变得容易重复，就是因为在那条通路上，大脑信号传播得更快。

时间久了之后，大脑信号的传递将会愈发固定在一条通路上。如果刺激和动力也因此逐渐消失，我们的生活就会陷入困境。要逃离这种困境，需要借助新鲜感的刺激。2006年，尼克索·邦泽克博士和恩拉·杜泽尔博士的研究表明，中脑黑质/中脑腹侧被盖区与大脑的奖励回路相关联。每当遇到新奇的事物，这个区域就会受到刺激。[12] 此外，大脑回路利用新奇感作为动力在环境中寻找奖励。在新奇感的刺激下，学习效果也会增强。新奇感的形式多种多样。这次，我打算利用"衣橱新鲜感"带萨拉走出穿衣风格一成不变的困境。

谁能想到，穿衣打扮还能对大脑有帮助！

治疗

我们从萨拉的日程表入手审查她的日常生活。关于工作、健身、友情和爱情，她都安排了丰富的日程。这样看来，她并不缺乏拥抱变化的心态。

"萨拉，你其实已经具备了充实、精彩生活的全部要素。只要增添一点新鲜的体验，就能擦出火花。这个行程表里面哪些元素不能改变，哪些是可以改变的？"

"其实，我对现状比较满意。日程表带给我安全感。我享受在同样的地方做同样的事情。生活已经兵荒马乱，因而这一丝可预测性更显得弥足珍贵。"

"那么你都有什么固定的安排呢？"

"哦，很多。我喜欢住所附近的一家意大利餐馆，所以每周都去吃同样的龙虾馅意大利饺子；我喜欢把燕麦配咖啡作为早餐；我喜欢沿着同一条路线跑步；每年元旦，我都去劳德代尔堡跨年。"

"这么说来，你是热爱计划并按计划行事的人，但当这样的特质体现在你的衣橱里时，你开始不满意了。你对自己模式化的生活满意吗？有没有意识到自己有多么例行公事？"

"我一直都知道自己喜欢熟悉的东西，但是之前绝对没有像刚才那样把这种状况大声描述出来。老实说，我想不出自己生活里有哪部分还没有形成惯例的。我愿意有所改变，但是保持原样当然更加容易。至于衣橱的问题，它是如此真切，就在我眼前，以至于我无从逃避，只能面对。"

接下来，我们讨论了在不让萨拉太别扭的前提下，她愿意改变的惯例。一切从小事开始。之前她早上总是喝榛果咖啡，现在我让她另选两种饮料，比如茶或水果冰沙；以前，她的早餐是燕麦，现在我让她加入了蔬菜蛋卷和巧克力煎饼；她每天下午都沿着同样的路线慢跑，现在我让她再挑选两条路线，或者选择两种其他运动。这些细微变化所带来的新鲜感对萨拉的神经活动大有裨益，也会给她带来明媚的心情。

一周之后，我回访萨拉，问问她对这些细微变化适应得怎么样。最开始，她有些抵触，但最终这种新奇感让她兴奋，并开始有些期待。为生活注入新鲜感并不意味着要迁移到别的城市，换份工作，甚至换个伴侣。一点微小的变化也能带来欣喜。

我希望萨拉从这些外部的小改变中尝到甜头，并开始寻求内心的变化和成长。此后，她每周的任务就是挑战自己，给生活增加点新奇的体验，层层推进。说不定一年之后，她已经跑去遥远的地方尝试洞穴潜水了，但是现在我们还是要回到她联系我的初衷——死气沉沉的衣橱。

"萨拉，我们来聊聊这些已经穿了很久的衣服。抗拒改变往往预示着更深层的问题，可能是害怕放手、担心失控、恐惧犯错。"

"嗯，我确实害怕犯错，所以我总是穿得很保险。"

"所以尽管表面上看，选择这些毫无新意的衣服是为了让生活更容易，但内心深处则是因为害怕穿错衣服。其实穿错衣服并不丢人。很多人在穿着上谨小慎微，仅仅是因为她们不知道如何打造一个合适的衣橱。"

有些人生来就具备这项技能，另一些人则不是。然而幸运的是，这个技能是可以后天习得的。只需一点指导、勤加练习和鼓起勇气就可以做到。我打算带萨拉去商场完成两个重要任务，一是通过橱窗购物，二是通过借鉴他人穿着。虽然萨拉对添置和穿着更出位的衣服有所顾忌，但她确实有能力通过观察找到自己喜欢的风格，再借鉴他人的穿着来学习打造适合自己的装扮。

这一练习基于阿尔伯特·班杜拉的社会学习理论。其他同类理论认为人类仅仅通过强化来学习，但他则认为，人们也可以通过观察他人来学习，并将这种行为命名为"观察学习"或"模仿"。[13] 对于那些害怕穿错衣服的人来说，观察学习能让他们免于焦虑的折磨。

"好了萨拉，我们到商场了。今天的目的是发现能引起你注意的装扮。一旦大致了解你喜欢的风格，我就可以教你如何自己搭配出来。"

我们坐在商场中庭人流最旺的地方，尽可能多地观察样本。作为一个喜欢一成不变的人，萨拉还是本能地注意到那些简单而单调的扮相，但她也会欣赏另一种装扮，这些扮相要么版型宽大，要么稀奇古怪，要么带点先锋主义的元素。

"我喜欢这个女人的装扮。黑色紧身连衣裙配带有铆钉元素的过膝长筒靴。哇！这一身也很好看，白衬衣加牛仔裤，再戴些宝石首饰。那个穿了一身套装、外搭披风的女孩也不错。"

"我懂了，萨拉。你喜欢带一点流行元素的简约款。"我欢呼道，"接下来我们去逛商店吧！"

我们横扫了精品店、百货商场和地下打折区。虽然萨拉还是会选择简约的中性色调，但也新增了充满生机的元素。

"萨拉，以前你怎么不买这些？"

"我能够描述清楚自己喜欢什么，但就是没办法组合在一起。这种风格太引人注意。我不希望得到太多关注。"

重新定位

我们用了一整天的时间打造适合她的装扮。萨拉已经有很多基本款了，所以我着重添置些让她心动的独特款，还教她如何找到带一点小花样的基本款。

不久，萨拉就逐渐适应了自己的新风格。下一步她需要建立起对新风格的信心，适应因为变得时髦而产生的连锁反

添置了	处理掉
多层项链	细盒子链
金色亮片高跟鞋	米色平底鞋
格子呢头巾	奶油色披肩
机车皮衣	黑色抓绒卫衣
压褶袖口衬衫	白色衬衫
前短后长的长款紧身半裙	黑色A字裙

应——回头率。她的新装扮常会吸引一些目光，因此她必须
学会从容应对，才能坚持下去。尽管她前半生都竭力让自己
湮没在人群当中，但这次她愿意做出改变，并享受其中。

　　萨拉坐了几站地铁来到市中心，准备好在高峰时间走上
首都的街头。为了减轻日后对于新外形的焦虑，她穿上了自
己最大胆的衣服，置身于人群之中。如果她能在这样的环境
下不怕出洋相或成为众人瞩目的焦点，那么今后的问题都是
小菜一碟。

　　"萨拉，以前你生怕犯错，总是希望完美，结果却孕育
了毫无生趣、无精打采、缺乏激情的衣橱。"我提醒她："那
有什么意思呢？现在是穿上心爱衣服的绝佳机会。即使你搞
砸了又怎么样？即使有人用奇怪的眼光看着你又怎么样？即
使闯了祸、被人嘲笑又怎么样？"

　　"你说的对。不摔倒几次，就永远学不会走路。"

　　"没错。"

萨拉总算达到了应有的状态——学习打造时尚的衣橱。她让我想起那些在下水前用脚在水里试探的女孩，或是那些拒绝卸下自行车辅助轮的男孩。要做个称职的"家长"，我就得鼓励她成长，激励她，点醒她。是时候告别小心翼翼了——她应该尝试些新东西。

在建议她尝试对生活和衣橱做些微小变化之后，我给萨拉设定了一个月的期限。我迫不及待地想看看这些小变化能否在她的生活中激起火花，促进更冒险的改变。

"这一个月过得怎么样？"

"到现在还不错。我对自己有了更彻底深入的认识，意识到自己之前只是活着，生活如同走过场一般。若不是发生了这场衣橱危机，我都没有发现自己过去的生活如此漫不经心。这些微小的改变促使我打破常规。按照惯例，如今，我把为生活增加些细微的改变也变成了一项惯例。"

"那你的衣橱现在怎么样了？"

"在自己的衣着上冒险和自由创作的感觉非常好。有时候在穿着打扮上出格一点非常刺激，让我一整天都充满活力。"

养成惯例或是落入安全区本身没有什么不妥——每个人都会这样。事实上，惯例给人们带来舒适。但是当"发育不良"持续太久，会僵化、厌倦，轻微的抑郁甚至会随之而来。当萨拉终于认识到自己成长缓慢之后，她拾起自律和勇气，做出了改变。

正如我一直所言，有价值的人生需要行动，幸福生活不会自动上门，需要你自己去营造。这就像在大海中一样，你是选择被潮水席卷吞没，还是和风浪对抗直至精疲力竭？抑或是因势利导，让海浪帮助你到达你想去的地方？

轮到你了

找到自我

当你穿上毫无特色的衣服，你是在躲避他人的眼光，归根结底，也是在逃避自我，因为衣服是终极伪装。戴上一顶黑色的尖角帽，穿上小黑裙，套上黑白条纹长袜，脚踏黑色尖头鞋……人们就会觉得，你是个女巫。一身女巫装给观察者发出的信号就是，你穿得像个女巫，那你肯定就是个女巫，并且具备女巫的一切特质。人类总是有思维定式，为他们所看到的东西找到最快速的解释，最简单的判断方法是相信所见即是本质，相信表里如一。

这让我想起一桩文化事件。当苏珊大妈走上英国达人秀的舞台进行表演时，她的外形确实不讨喜——卷曲的短发、浓密的深色眉毛、一身邋遢泛白的蕾丝连衣裙。这一切都不符合我们对一位成功表演者的印象。人们看着她，觉得她肯定会遭遇史诗般的失败，料想她的才能肯定会像她的打扮一样表里如一。然而当她开口演唱时，声音却惊为天籁。人们感到诧异——这样惊艳的声音怎么可能出自如此扮相的一个人？

萨拉知道人们爱走以貌取人的认知捷径，过去，她一直在利用这一点。如果她的穿着能让她泯然于众人，人们也就不会仔细观察她，既不会深究她的外貌，也不会注意她的内在。如果她总是穿着那些无功无过的衣服，人们也不会注意到她内在的缺点。

如果你总是希望用衣服来掩盖自身的瑕疵，避免他人的注意，那你应该考虑解决潜在的问题。如果你通过穿着来锦上添花，那么请保持这种良好的习惯。学会利用"表里如一"的技巧来服务自己：如果你的衣着十分惊艳，那么人们也会假定你的内心必定同样有趣！

在他人身上看到自己

每个人都经历过这样的时刻：环顾四周，到处都是精心打扮的时尚人士，再瞟一眼自己，真是惨不忍睹。在纽约的 Bergdorf Goodman 百货门外，我就曾有过怀疑自我的时刻。其实不就是胆小吗？我当时穿着纽约的经典老土套装：球鞋、紧身裤和长袖 T 恤。环顾四周，到处是衣着光鲜的时尚弄潮儿。他们的精心打扮就像一面镜子，让我因自我保护的本能所导致的失败一览无余。

　　我想，这可不是什么好事。当时我有两个选择：一是破罐子破摔，二是采取行动解决问题。我穿着寒酸的衣服走在第五大道上，感受着世界级的羞愧。我注意到那些非常时尚的女性——不得不提的是，很多都已为人母——却仍艳压全场，又不失舒适大方。一回到公寓的大堂，我就立刻制定了"丑小鸭变天鹅"行动计划。我不想再困于其中。

　　当我们不确定自己是谁，或是对现状感到厌倦，借他人的帮助回归优秀的自我往往是重新认识自我最简单的方式。走在大街上，那些精心打扮的人，更放大了我们对自己的放纵。看着他们，我才看清了自己。

　　我抓起手机和钱包，直奔商店，利用我实地调研的成果，直奔那些实惠有型的款式。很快，我买了双帆布鞋，换掉了之前的球鞋，运动服给春装连衣裙让了路，肩膀上的塑料购物袋也换成了精巧的草编手包。第二天早晨，当我回到第五大道时，觉得这一次改头换面，让之前的屈辱没有白受。

　　我的第二次自我怀疑发生在圣诞节后前往迈阿密的一次旅行。迈阿密美女的衣着色彩绚丽——孔雀绿、火烈鸟粉、海蓝。反观自己，全是无聊的中性色。在当地商场逛一圈之后，我更是坚定了投入鲜艳色彩怀抱的渴望。BCBG 店里满是五颜六色的扎染，就连 Ann Taylor 都被一片藏蓝、白色和珊瑚红所覆盖。环顾四周，女孩子们穿着艳丽，配饰闪亮，身材性感。而我呢？下身是宽大的卡其短裤，上身是松垮的白衬衫。这群美女昂首阔步地走在商场走廊的白色瓷砖地板上，而我却平凡得无处藏身。

我从来没有穿过什么亮色。那些中性色的衣服让生活变得十分乏味。因此我开始做出一些微小的改变，先尝试用鲜艳的色彩点缀深色衣服。身处迈阿密让我自然而然地从沙滩装开始尝试色彩。我放弃了无趣的比基尼，添置了一套橄榄绿和亮白条纹相间的分体泳衣，一件橄榄绿涡纹印花、带串珠的比基尼衫，还买了双带金色装饰的凉鞋。脚趾甲也不甘落后，换上了明亮的珊瑚红色。经过这些改变，色彩斑斓的早已不仅仅是我的衣橱了。

多看看世界可以帮你找到灵感。有没有谁的风格品位是你特别欣赏的？有没有哪个女人的打扮总是那么天衣无缝，让你因爱生恨？不要嫉妒她，而是要成为她。我短暂的表演经历让我了解到，人的内心，其实暗藏着所演角色的一些元素。我演过诡计多端的女巫，也演过循规蹈矩的公主。为了扮演这些角色，我找到自己心中能与她们相联结的元素并将其发扬光大。

在改造自己的形象时，你也可以采用一样的技巧。找到一个衣着品位的榜样。想想自己欣赏她的哪些特质，找到自己内心深处的相似点，并予以培养。如果你害怕一下子做出太大的改变，那就先从学习和模仿这些榜样开始。相信自己已经具备了苦苦寻求的特质，唯一要做的就是尝试将其外化。

自我停滞

流水不腐，户枢不蠹。想想那些成群结队的蚊子和一潭死水里球结壮大的水藻。当你要打理家庭、养儿育女、上学工作，行为定式可能是鸡飞狗跳生活中的一剂安慰。然而如果长时间都保持同一种生活方式，你对舒适的理解，将不再包含做出额外的努力去改善自己的形象，提升衣着品味。当你的生活中没有了孩子、伴侣或者职业挑战，陷入自我停滞则是大概率事件。谁没有对生活产生厌倦的时候呢？

在这一章，我用了大量篇幅来强调自我维护的重要性，但是自我也需要延伸、切换。如果你的环境不需要你变化，你也要采取主动，来刺激这些改变。检验一个人是否陷入停滞的最显著指标就是他的外在打扮——你选择向外界呈现怎样的形象。

如果你希望给平淡生活增添点滋味，可以从小事开始。从衣橱入手，添加一件和以往不同风格的衣服。对我来说，可能是尝试一些鲜艳的颜色；对你来说，可能是穿一次渔网袜。这些细微的改变将孕育出更大的转变。增添的新鲜元素，可能会让你颇受赞誉，展开从前不太可能的对话，还有可能会为你带来艳遇，乃至职业轨迹的变化！好处不胜枚举！

除了重新评估自己的衣橱，也要重新审视自己的生活。我是一个喜欢按部就班和确定感的人，也就是俗称的控制狂。但有时候，我必须给生活注入些活水。如果你已经知道要迎来一个惊喜派对，那还有什么乐趣？如果你已经认识了相亲对象，那相亲还有什么意思？如果你早就知道那封匿名求爱信是谁写的，神秘感便消失殆尽。如果一个谜团已经真相大白，那过程也乏善可陈。让生活保持激情。如果变化让你恐惧，找一本指南或一张地图，找一位同行者或者可以模仿的榜样。当你开始投身改变，他们将成为灯塔，照亮你前行的路。

在麦当娜的职业生涯中，每一次变化都成就了一个里程碑。她是重塑外形的大师——是虐恋女王，是艺伎，是牛仔女孩，还是重生的处女！大多数人都不会走向那样的极端，但她是一个勇往直前的绝佳范本。如果你每天都打扮得毫无新意，现在就做出改变！如果你已经几乎和背后的白墙融为一体，毫无存在感，现在就做出改变！如果你对镜子里的那个人感到乏味，现在就做出改变！改变使大脑忙碌，使心灵充实，使灵魂年轻。改变让人受益匪浅！

衣橱变身快手技巧

你是不是彻底厌倦了自己的衣服，想改变却无从下手？你是不是害怕穿错衣服？以下是几条适用于衣橱变身的快手技巧。

充分利用对比色：打造优雅装束的一个必胜法则，就是利用对比色。用中性色的单色衣服搭配吸引眼球的配饰，在沉闷的背景上打造一抹亮色。例如，一身黑色的衣服，配上金色的细腰带和绑带鞋；又如，一件米白色的高领毛衣，搭配羊毛裤和巧克力棕的羊绒外套；再如海军蓝的细条纹裤，配上海军蓝的衬衫，搭配浅焦糖色腰带和焦糖色鞋。

巧用互补色和季节性配色：先选出你最喜欢的三种中性色，再挑出一到两种季节性的主打色。这样所有色彩将会十分互补，搭配和打理也非常容易。季节主打色可以随着时节变化。举例来说，如果你选择了白色、米白色、小麦色作为中性背景色的话，秋冬就可以搭配深紫色和深橄榄绿，春夏则可以换成柠檬绿和罗宾鸟蛋蓝。

点睛款：保持简约风格，但为每套衣服挑选一件点睛之笔。这一件要么色彩斑斓，要么金光闪闪，要么充满艺术气息，要么非同寻常。比如一袭夏日白裙，配上贝母腰带；以牛仔裤和粉色衬衫打底，用硕大的多层绿松石项链加以点缀；白色短裤、简约的银色链子和凉鞋，配上狂野的涡纹印花丝质上衣。

潮流单品：不要在新潮的衣服上浪费钱。利用时尚的饰品，如鞋子、首饰和腰带等走在潮流前沿。这样你的账户余额和未来的衣橱会对你感恩戴德。

设计师品牌：找到款式和版型都值得信赖的设计师品牌。没有比有信心在一个品牌的实体店或网店总是能找到心仪之物更让人舒畅的体验了。这种从不出错的关系，能带你走出极具挑战的穿着定式。从这家店里挑选一位可以信赖的导购或造型师。这个人往往会及时通知你上新信息，提醒你促销和打折，向你介绍贵宾服务，甚至能直接推荐适合你的衣服。

自行组合：打造新的造型从来都不便宜。你可能喜欢某个设计师款，但囊中羞涩，这种时候尝试寻找便宜的替代品，自行组合。我的衣橱里有数不清的衣服，被误认为质优价高。实际上，我经常看杂志和网上的时装发布会，然后去便宜的商店自己搭配出来。功夫不负有心人！

利用网络资源：互联网是你最好的朋友。很多拍卖网站和分类网站会低价出售一些九成新甚至是全新的衣服、珠宝、鞋履和配饰，而且保真。我在网购时通常只会买有注册号的商品，这样可以拿到实体店验货。网购之前，我通常会给卖家发邮件，告诉他我将验货，问他如果不是真货是否能退货。卖家如果说当然可以退，我就会存好邮件，作为协议的证据。你不仅可以在这些网站采购，如果有不穿的或者不喜欢的东西，也可以把它放上去出售，来置换装备。你不喜欢上网也没关系，那就组织一次互换会，或者找个寄售商店，甚至去二手商店淘些好货也可以。只要留心，你总会发现好东西！

按主题搭配：挑选你喜欢的经典服饰主题，每次逛街时，就按照主题做选择。（当然，我指的不是万圣节主题。）你的主题可以随季节变化，比如春季选择法式中性风，夏天则选择航海风，秋天是英伦田园风，冬季走温暖慵懒路线。这种方法比你想象的要容易。每年时尚出版物都会发布当季流行趋势。其实不论哪年，春夏季都会流行航海风、波西米亚和黑白简约风；秋冬季则有时尚皮革、白色冬季、滑雪小屋和高地花呢轮番上演。每一季时尚趋势都让我啼笑皆非，因为它们总是换汤不换药。这个夏天，我选的是游猎风，也就是宽腿亚麻裤、带木质纽扣的短袖紧身夹克、绑带凉鞋，腕戴木质手镯或象牙黑檀手镯。我还尝试了异域风情——夸张的珐琅耳环和丝绸印花连衣裙，配上低跟人字凉鞋。按照标志性的主题穿衣和整理衣服十分简单，能为你省出许多时间，来好好享受每个季节。

百穿不厌：投资于百穿不厌的款式——就是那些你经常穿的，经常买的，让你感觉良好的物件。这对每个人来说是不同的：可以是一串珍珠项链，可以是一双豹纹的细高跟，可以是一双牛仔皮靴，可以是一件花呢夹克。对我来说，这意味着牛仔裤、白衬衫、米白色毛衣和焦糖色的皮质饰品。如果你没有找到这样的款式，可以浏览你的穿搭收藏寻求灵感。比如我注意到自己总会收藏领部带有内嵌装饰的连衣裙。所以当我终于有机会穿正式场合的连衣裙时，你猜我买了什么？

迎合自己的生活方式：我一直认为，衣服应该服务于自身的生活方式。如果我只喜欢在本地餐馆吃饭，在海滩散散步，在书店喝喝咖啡，那我为什么要买那么多夜店装呢？你可能觉得我无聊到无可救药，但我就是这么理直气壮。服装应该和当前的生活方式无缝衔接，也可以成为你追求理想生活的一份动力。如果你渴望某天跳一曲探戈，那就去买探戈舞服。同时，既然你认同我"衣服应该服务于自身生活方式"的理论，就去穿上它们，将渴望化为行动！这就是我个人版本的激将法。你可以根据当前的生活方式穿衣打扮，但为什么不直接为理想中的生活而打扮，并付诸实践，让美梦成真呢？

降级穿衣：当你在清点库存时，可以用上我的降级穿衣法。你可以把自己的衣橱想象成一个金字塔——健身的衣服放在最下层，黑色领带正装放在最上层。当你打算扔掉衣橱里的无用衣物时，只需把每件东西都往下挪一层就好。健身的衣服很可能就被淘汰了，周末休闲装就会降级到健身装那层。全部重新放好之后，空出来的地方就可以用新衣服来填补。当然，有一些衣服会留在原来那层，但是绝大多数衣服都会降级。这个办法，可以帮助你摆脱放弃自我的装扮，让你连去杂货店都能保持最佳状态。

多功能衣橱：打造一个多功能衣橱。每件单品都应该适应多种季节、多种场合。在每次购买之前，我都会问问自己，这件衣服是不是仅局限于某个季节？适用于多少场合？这个办法为我节约了大量时间和金钱，更不用说给我的衣橱带来了多大改变。今年春天，我想买一件七分袖卡其衬衫。它适合春天穿，其他季节也不违和。颜色和款式跟我的其他衣服也能搭配：既能同白色牛仔裤和凉鞋搭配出休闲的感觉，也能和金项链、裸色细高跟加印花短裙搭配出席正式场合；既能单穿，也能搭配皮夹克，还能穿在白色背心外面。一件衣服，无数可能！值得入手！

断舍离：我知道之前已经说过这一点，但在这里还是要强调，如果你不喜欢某件衣服，扔掉，送掉，或者干脆不要买。如果它不合身，方法同上；如果颜色不配，同上；如果和你的生活方式不符……还用我说吗？

生活落入程式化是十分正常的。大多数人都喜欢对未来有建设性和确定感。但这种一成不变很容易从安全舒适演变成无聊压抑。你有多种简单精彩的方法，为单调的生活注入活水——可以是换一种早餐咖啡的口味，也可以是洗澡时换一种香皂。总之，从简单的事情开始！从细微的小事开始！从你的衣橱开始！

第四章
自信为美

致为身材过度焦虑的逃避者

　　梳妆打扮就像包装礼物一样。如果这份礼物让你送出去的时候满怀欣喜，你可能会用心挑选一张克重、质地、色泽、尺寸都十分合适的包装纸，小心翼翼包好，甚至还会再挑选些配套的蝴蝶结或小饰物进行点缀。这样一来，收到礼物的人，在拆开之前，就能从精心的包装看出内里的不俗。人也是一样，可以借助外表为自己锦上添花。

　　别人的看法固然重要，但更重要的是，你怎么看待镜中的自己。人必须首先让自己满意。女人对自己的外貌总有诸多苛求——可能是更小的鼻翼，更加卷翘的睫毛，又长又直的腿，又或是更加丰满的胸形。久而久之，我们坚信是因为自己太高、太矮、太瘦、太胖，甚至是太过浮肿才无法穿出自己喜欢的风格。其实，除了整容手术，没有比挑选恰当的版型、尺寸、颜色、风格的衣服更能立竿见影地让你改变外形、改善心情的了。当你通过自己的时尚选择提升了外在形象，自信也会随之而来，举手投足都是可见的变化——抬头挺胸，身姿挺拔，卓尔不群。

如果对你来说，衣服的作用只是蔽体，那你所遮掩的不只是赘肉，还有自我。不管你是因为超重而感到羞耻，还是因为产后赘肉而感到难堪，或者仅仅是拒绝现在的身体，你内心的恶魔总能找到你。在这一章当中，我们将讨论如何直面衣橱里尘封的心事，进而改造形象。

形象焦虑检查清单

☐ 挑衣服和试衣服的过程是否让你觉得闷闷不乐？

☐ 你是否因为买不到衣服，而不愿去逛商场？

☐ 你是否会避免照镜子？

☐ 你是否正在采用过度节食或者超负荷健身之类的不健康方式来改变身材？

☐ 你是否会纠结于自己身上那些别人根本看不到的缺陷？

☐ 你会不会一直暗中和别人比较身材？

☐ 当你和别人比较身材时，会不会觉得自己更为逊色？

☐ 看到电视、杂志和网络上的好身材时，会不会更自惭形秽？

☐ 你是不是根据尺码大小而非穿上合身与否来买衣服？

☐ 你是不是总喜欢买偏大的衣服？

☐ 你是不是总喜欢买深色的衣服？

☐ 你会不会因为自己身材不佳而逃避社交？

❏ 你是否觉得人的性感度随体重增加而下降？

❏ 你是否会用衣服遮住部分或全部身体？

❏ 你会买塑身内衣吗？

❏ 如果买，你会经常穿吗？

❏ 你是不是很难接受另一半看到自己裸体的样子？

❏ 你是否很排斥在公共浴场只穿泳衣，不穿罩衫？

❏ 体重的增长是否会让你自卑？

❏ 你是否在减重后感觉更好？

❏ 你是否总觉得别人会注意到你身材中自己不满意的部位？

❏ 在减肥之后，你会留着那些大号的衣服，以防体重反弹吗？

❏ 在长胖之后，你会留着以前小号的衣服，期盼总有一天
会瘦下去吗？

❏ 你同亲友一起逛街买衣服时，是否觉得尴尬？

　　如果以上大多数问题，你的答案都是肯定的，那你可能
过于关注自己的身材了。

　　不管你只是对现在的身材稍有不满，还是已经严重到有
体象障碍①。这一章介绍的办法，都会让你找到穿衣打扮的
舒适区。如果问题已经严重到无法招架或是影响日常生活，
请及时寻求专业支持。但请记住，你并不孤独，而且问题可
以解决。我已经和许多原本无法接受自己身材的男男女女共
同作战过，最终都大功告成。

_____

① 　编者注：体象，即对身体的印象，体象障碍是个体在躯体外表并不
存在缺陷，或者有极其轻微的缺陷，但主观想象自己极为丑陋，因而感
到痛苦的心理疾病。

案例研究

里基的故事
——衣不嫌你丑，丑是你的假想敌

母亲节前一周，我接到艾米的电话。她很忧伤，迫切需要在传统的母亲节聚餐之前，帮助妈妈里基改造形象。艾米说，她的妈妈里基身材姣好，但总喜欢穿得松松垮垮。

艾米认为她母亲需要一位造型师，但在我看来，她需要的是衣橱疗法。大多数穿衣问题，与衣服本身无关，往往反映出更深层次的问题。在去里基家的路上，我已经准备好审视并解决她的外在问题——清理衣橱，重建衣橱。只有这样做，才能看清她的内在发生了什么。

我在门口见到里基的时候。她穿着宽大而飘逸的黑色上衣和宽松的黑色弹力裤。裤子至少大了两码，已经无法体现弹力的效果。没有人想到，在衣衫的层峦叠嶂下，藏着的是一副玛丽莲·梦露一样的好身材。我迫不及待想见识一下她衣柜里的光景，看看她到底在掩盖什么。

衣橱分析正式开始。首先我让里基在房间里腾出块空地，来堆放衣柜里清出的东西。把衣服全部搬出来有助于让她发现自己错误的穿衣模式。我们把衣杆上偏大的衣服都拎出来，摊开在超大号床上。你没看错，她连床都是超大号的。

把衣服全部铺在她面前之后，我问她看到的是怎样的景象，她说："很多黑色、弹性材质的大码衣服。"尽管这类衣服占了衣柜的 75%，她还有一些七八十年代的衣服，色彩斑斓，版型修身，曲线婀娜。我向她询问这些衣服的由来。她说，那都是她的青春。

床上的衣服被分成两堆：上装和下装。在试穿前，我们把已经扯坏的、洗不干净的、款式重复的以及完全过时的衣服先扔掉。当然，"青春的纪念"除外。

接下来，我让里基一件一件地试穿"当代"的衣服。对于客户来说，这个过程往往既漫长，又煎熬——她必须直面自己一直以来为了掩盖内心不安而犯下的穿着错误。比让这些不安暴露在阳光下更煎熬的是，她还得把这些遮羞布毫不留情地扯掉。

试穿下来，每一件衣服都奇大无比。我问她觉得这些衣服是否合身，她毫不犹豫地给出肯定的答案。她确实觉得那些搭在胯骨上的裤腰、垂坠下来的后兜、水袖般的衣袖，都符合她的尺寸。我一一指出她衣服上层层叠叠、堆在一起、拖沓累赘的部位，毫不隐讳向她证明衣服并不合身。里基的问题非常经典，我称之为"服装尺码错位症"——她是按照自己臆想出来的"胖胖的丑女人"的体形在挑选衣服，而不是按照自己的实际身材。

藏匿于层峦叠嶂之下，蜷缩在松垮牛仔裤和宽大毛衣里的里基需要扪心自问，自己究竟从什么时候开始对自己的身体遮遮掩掩？为什么要这么做呢？是生来如此，还是后天的变化？是某个心灵创伤所致，还是因为他人的恶言相向？是不是身体发生变化，比如从体重上升或下降、受伤或者怀孕之后开始的？到底从哪个时刻起，自己不再青睐早年那些鲜艳的印花、修身的裁剪和性感的款式了？

"里基，你从什么时候开始这样穿衣服了呢？你从哪个时间点开始认为宽松比好看重要？"里基从床上抓起一件大圆领高腰连衣裙：上半部分是紧身的针织面料，腰部是紧束的缎带，点缀着水钻装饰扣；下半身是百褶裙款式，由精致优雅的丝绸制成。这件连衣裙不仅是里基最有历史的一件衣服，也是她最钟爱的一件，她的衣柜里没有其他任何衣服能与之媲美。那是她20岁出头的时候买的一件连衣裙，那时候是她最自在的时光，可以对他人的言论置若罔闻。

里基抖了抖连衣裙，说道："有段时间我很喜欢展现自己的身材，那时候的我可骄傲了。"然而生了第一个孩子后，那种对自己身体的热爱不见了。里基找出她刚生完孩子时穿的衣服——一件宽大的水鸭蓝色长款上衣。放弃自我从那一刻开始。她捏了一把肚子上的肉："生了孩子就会这样。穿宽松的衣服，就没人看得到这些赘肉了。当然，也没人再看得到我。"里基含泪坦承，她其实偶尔也想性感一次，但身材已不允许她这样做了。

既然如此，里基应该做的是通过穿衣扬长避短，重拾信心。

为何要掩饰

人们为何会厌恶自己的身材，想掩人耳目呢？不幸的是，这是外界教唆的结果。

同大多数女人一样，在从小的耳濡目染下，里基形成了"个人价值同体重成反比"的观念——人越胖就越没有价值。当她正值二十几岁的花样年华，仿佛获得了一张被允许穿漂亮衣服的免费通行证，因为那时她的身材足够好。用她的话说："人们会不由自主地就想多看你几眼。"但如今，体重增加后的里基，坚信不应该再展示自己的身材，也不值得在这方面太花心思——"没人愿意多看我这样的胖女人一眼。"

随着年龄的增长和生育的影响，女人的身材总会发生改变——里基也难逃这种自然规律，但情况远没有她所担忧的那么极端。她极其缺乏对自己身材现状的清晰认知，又极度恐惧别人对她臆想中身材的看法，最终导致她与时尚分道扬镳。

既然整个社会都对外表如此重视，那么人们总是把对完美身材的追求内化成自我需求，也就不足为奇了。明知道很多完美的外表都是假象，是通过整形手术、修图伪造出来的，但公众还是会不遗余力地去追求那海市蜃楼。这种自我营造的压力会误导人们关注并过分放大自身感知到的缺陷。如果一直以来我们接收到的观念都是"瘦即是美、瘦即价值，瘦即被接受"，最终的局面便是，任何背离这一观念的现象都将导致羞耻。

那些像里基一样，认为自己的身材算不上世俗所认为的"美丽"的女性，会觉得自己的身体毫无吸引力。她们还会进而陷入另一个认知误区——既然自己都厌恶自己的身材，那其他人更会这样想。因此，这些人会选择用衣服把身体遮掩起来，以减少他人的负面评价。她们往往选择宽松的衣服以显得娇小，偏好深色的衣服以显得苗条。

对身材感到羞耻、认为自己胖得走样，会导致不健康的行为，包括节食、清肠、超负荷锻炼、逃避人群，以及无法客观地面对自己的身体。

体象训练营

治疗里基病态的衣着选择和精神世界的第一步，是让她报名参加我开办的体象训练营项目。在这个项目中，我们将一起揭开零售品牌和媒体所打造的社会形象的本质，来撼动她对自身身材的错误认识，学习坚持健康的体象观点。要审视并修复她对自己身材的糟糕印象，我们在附近的购物中心逛逛就行了，不用走太远。

1. 别太把尺码标签当回事。首先我带里基去商场，让她去逛五家店，在每一家都挑出一条合身的裤子。经过几个钟头的搜索和多次挫败，她总算意识到每个品牌的尺码标准是不一样的——A 店的 10 码在 B 店里就成了 14 码。最后里基买了哪条裤子？ 10 码那条。虽然这条裤子并不是最合身的，却是尺码数值最小的。我问里基下次最想去哪家逛？她说还想去买到 10 码裤子那家，因为那家的镜子照得她特别苗条。

恭喜里基已经完全成为自我幻象的俘虏。在她看来，尺码数值更小或者照镜子显瘦，比尺码准确更为重要。像她一样中招的女性不在少数！我们及时退掉了里基买的裤子，另觅了一条更合适、上身效果更好的。在把这件战利品挂进衣橱之前，我让里基剪掉尺码标签。

关于衣服的尺码问题，我们需要注意三点。

第一，在美国，衣服的尺码并未标准化——不信的话，你随便找一家电商网站定几条设计师款就会发现，设计师品牌的尺码表和说明千差万别。

第二，尺码在不同店铺之间也没有一致性。在 A 店 0 码合身，而在 B 店可能就变成了 10 码，那我会更愿意去 A 店。就算是在同一家品牌，你可能也注意到，之前你穿某个尺码的衣服是合适的，现在穿却嫌大。我们将这个现象称为"虚荣尺码"或"尺码通胀"。尽管名义上尺码的数值不变，但衣服的实际尺寸数值可能是更大的。虚荣尺码充分迎合了人们对保持苗条身材的痴迷，并以此将消费者一网打尽。

第三，在同一设计师的不同产品线中，高端线的剪裁通常比低端线更修身。2003 年，塔米·金利博士对女性裤子的尺码与价格进行了研究 [14]。结果显示，在名义上的尺码数值相同的情况下，越贵的品牌实际测量出的尺码数值越小。举例来说，如果你在拉夫·劳伦专卖店里买衣服，相对便宜的 Lauren 系列的 2 码，就比昂贵的 Collection 系列的 2 码要大得多。

我们钟爱的品牌们为什么要这么做？或许是因为这些秀场款在欧洲更畅销，所以总是设计得偏小；或许是因为从统计学的角度出发，买得起新鲜出炉的秀场款的女性，比其他女性身材更苗条些；又或许是因为这样的操作将大码女孩拒之门外，成功捍卫了"瘦即是美"的时尚标准。"虚荣尺码"并不是尺码问题的唯一根源。还有一个未解之谜：如果女性的平均尺码是 14 码，为何店里的尺码通常不超过 10 码或 12 码，迫使大码女孩只能转投"大码专卖"的怀抱，变成主流设计师的弃儿？

尽管我们可能无法回答所有问题，但提出批判性问题会让你在这些时尚信息前有力量去抗争，而不是总被牵着鼻子走。

2. 过滤媒体信息。人们普遍存在体象障碍，服装店并不是滋生这种病态的唯一温床。只要翻开杂志，打开电视，你马上就会了解我们"应该"拥有怎样的身材。诚然，不能把所有责任都推给媒体，但是不断的节食、减肥、模特、名流等话题和图片轰炸，让我们开始错误地坚信瘦即是美。

接下来一个星期，我让里基在看电视的时候，留心观察媒体直接或间接传达的关于女性之美的信息。一周后，我问她，现在觉得什么样的女性最美？她的答案是，年轻和苗条。之后，我让里基开始"媒体戒断"，直到她能够去伪存真地接收信息为止。如果她本就相信"一胖毁所有"，那么杂志和电视只会强化这种想法。只有改变对于身材的误解，相信自己的魅力并不随身材改变，她才能够客观地面对电视和杂志——不将那些不健康的信息内化于心。这样，即使看到那些画面，她也不会认为自己非变成那个样子不可。并且她也会明白媒体照片是刻意做出来的，而且也不代表大多数女性。里基答应我，如果再看到会引发她对自己身材反感的节目或广告，就立马换台或翻页。

请用思辨的眼光，修正自己对媒体照片的评判标准，因为这些照片并不真实。请把自己和媒体上的女性形象剥离开来，不要想着和她们一较高下。如果做不到这一点，你可能需要暂时关掉电视，或者退订那些杂志。

考虑并理解了所有操纵体象认知及穿衣选择的外部因素之后，请转头看向镜子——那个负责接纳并适度包装自己的人，就是眼前的你。

3. 暴露疗法。对自己身材感到恐惧而焦虑的时候，转向逃避机制，把赘肉掩藏在松垮的外衣之下，能在短时间内缓解焦虑，时间长了恐怕适得其反。在治疗的下一阶段，里基需要采取行动，对抗身材焦虑，而非逃避。认知行为疗法（CBT）以"错误的想法会对情绪和行为产生负面影响"为基础。根据这一理论，我设计了一些实验，旨在挑战里基的信念、感受，以及与逃避行为有关的过往经历。为了战胜她的焦虑，她必须破釜沉舟，正面迎战。

在一个热闹的周五晚上，我和里基又去了商场。电影院大厅人头攒动，挤满了青少年和他们的家长。我意识到这里是让里基脱敏的绝佳场所。我向她保证，如果她能在这里，扛过少女们的注视和评头论足，不被击溃，那么以后的任何场合都是小菜一碟。

里基穿着从女儿那里借来的无袖背心，以及她青春时期的紧身牛仔裤，站在电影院的大厅里。这场真人脱敏实验到了最紧张的时刻——她确实不太自在，四面楚歌、尴尬不安、毫无防备、自惭形秽。她感觉所有路过的人都盯着她，所有的笑声都针对她，所有的对话都围绕着她那"一身赘肉"。过了电影院这一关之后，我们又去了另一个热闹的地方——商场的咖啡厅。

暴露疗法最开始是练习直面最糟糕的场景，以实现劫后重生。随着治疗的进行，人需要练习质疑当前的信念。里基发现，穿着一件无袖背心走在商场中，并没有她预想的那么难受。相反，她的打扮反而让自己在人山人海的商场中凉爽自如。她还注意到，有好多她认为比自己更美貌的女人，也把身体包裹得十分严实。更重要的是，她发现根本没人在意她所担心的那些东西！根本没有人对里基的无袖背心大惊小怪，也没人盯着她手臂上的蝴蝶袖，更没有人因为她比较暴露的穿着惊声尖叫。

里基成功挨过了衣橱疗法中最痛苦的一关——直面将身体暴露于众的恐惧。尽管她对身材的自卑和恐惧并不能在一次干预后就烟消云散，但她最起码开始意识到，可以从另一个视角来看待自己的身材和穿着。而且，对将身体暴露于众的恐惧更大程度上是源于她对自己身材的误解，而非他人的指指点点。她发觉，那些她原本以为会引发的评价，实质上是自身想法向他人的投射——"既然我都这么厌恶自己的身材，那别人更会这么想。"阻止里基穿性感衣衫的人，只有她自己。从这个实验中，她还学到，魅力是多种多样的——商场里很多比自己还壮硕的女性，却穿着她不敢穿的衣服。

4. 借力打力。内心治疗的最后一步，是让里基学会回应他人的负面反馈——那些她以为指向自己的瞪视、嘲笑、白眼和冷遇。如果里基打定主意要转变穿衣风格，势必要面临风险。那些已经适应了她之前风格的人可能会对她的新形象颇有微词。多少亲朋好友，苦求让他们"深爱"的人改换穿衣风格的良方，而当改变真的降临时，他们又总是最先跳出来反对。我对这样的人已经见怪不怪。

里基若有所思："这么多年来，我最怕别人对我的身材说三道四，甚至已经失去了捍卫自己时尚主张的能力。"为此，我们一起练习"自我肯定技巧"。掌握了这一技巧，里基就可以让那些爱指手画脚的人知道，他们的负面评论已经到了冒犯的程度。一开始，我们通过角色扮演培养感觉。我让里基列出那些可能会伤到她的批判词语。她写了"肥肥""母

牛""恶心""懒虫"和"奇丑无比"等。写完之后，我坐
到她对面，用自己能憋出来的最刻薄的语调把这些称呼逐个
对着她念。任何事情重复多次以后，一开始的那种负面冲击
力会渐渐减弱。这一次也不例外。

接下来，我让里基对这些讥讽进行不卑不亢的回击。
自我肯定技巧和我在治疗过程中处理棘手病人时用到的技巧
很相似。我请她采用以下说辞："我非常抱歉你有这样的想
法""这个评论有点意思"和"你能有自己的意见非常好"。
此外，我们也会用一些对抗性的说法，比如"你有权这么想，
但你的评价很伤人"和"我觉得你的行为不是很得体，如果
你不改，那抱歉，恕不奉陪"。里基选定了几种说辞之后，
整装待发，准备好从强者而不是受害者的角度去回击他人的
批评。

接下来我们马上开始练习。就像患者在治疗时学习新技
能一样，此时我迫不及待想让她练习一下。学会新技能之后
马上在治疗办公室里实践，通常能够加深印象，之后应用在
别处的成功率也更高。如果里基马上进入真实场景，她会记
得自己已经掌握了捍卫自我的武器。我当时就羞辱她："天
哪，这条裤子你穿简直糟蹋了。"里基答道："好吧，很遗
憾你这样想。"表现不错！经过多次练习，她已经熟能生巧。

在毫无防备的情况下受到言语侵犯时，常备些信手拈来
的回应和说辞是至关重要的。因为在情绪激动的时候，正常
的认知会受干扰。你可以设想一下最恶毒的言论，据此准备

有效的回应，再和自己信任的人练习，从而在真实场景下也能做到张口就来，应对自如。

随着里基的自我肯定技巧愈发驾轻就熟，我们进入实战阶段。她已经准备好对抗任何批评或侮辱她的人。但就像我想的那样，让她惊喜的事发生了——根本没仗可打，根本没有人对她恶言相向。当她脑中只有自己，穿着和行为不再受任何人影响时，她已经没有空间再去把自己的想法投射在别人身上。里基终于意识到，长久以来，梦魇般的评头论足，可能只是自己的臆想。

重新自我定位

我们用了一周的时间不断探索、尝试，审视里基的衣柜，最终找到衣橱失调的内心根源，向心魔发起反击。在这个过程中，她的情感世界越发强大了。现在，我们准备开始治疗中一个有趣的环节——新风格，新衣橱。

我问她如果拥有完美身材的话，她会怎么穿？她把豆蔻年华的衣服整整齐齐叠在一起。除了那条她最爱的连衣裙，我让她再给我介绍三件挚爱，并告诉我这些衣服好在哪儿。我自己经常分析旧衣服的元素，来为新衣服的颜色、材质和装饰等方面提供参考。（分析自己所欣赏的衣饰风格的照片，也有这个效果。）

里基从衣服堆里抽出一件衬衫、一条修身裤、一袭长裙。我问她为什么喜欢这件丝质的半透明修身衬衫？里基解释道，紫色和长领结设计，衬得她精致而有女人味。至于这条修身礼服裤，则是以多功能性胜出：上班时能穿，鸡尾酒会也能穿。最后这条亮粉色的长筒连衣裙，包裹感强，尽显傲人曲线，色彩更能让她从人群中脱颖而出。

讨论过几样挚爱之后，我们把不喜欢的衣服装进垃圾袋里，接着，我窝进沙发，为里基创建一份心愿单，用作新装采购的参考。闲谈之间，里基的理想扮相逐渐浮出水面——能凸显性感、女人味和优雅的风格；柔软的、半透明的面料，比如亮色、带有印花的丝绸和羊绒。

为了打造适合她的衣柜，我需要先拨开那些表面的干扰，直达患处，对症下药。我们一起坐在房间里，听她给我讲她自己，以及她的身材。我让她抛开外界的意见，向我描述她对自己身段的真实看法，以及她究竟希望给旁人留下怎样的印象。之后，我递给她纸笔，留她独自思考。

涂涂改改一阵子之后，里基憋不住了："讨厌！我厌倦了没有存在感的日子！我又不是隐形人！我也要有存在感！"

我暗想，好家伙，终于爆发了。

我进一步问她，一个有存在感的女人会怎样打扮呢？里基认为，应该是性感而又不失端庄。很明显，她想看起来清新而富有活力，但应该像个熟女，而不是少女。我进一步探寻，问她性感而又不失端庄的女人具体怎么打扮。"色彩，印花，闪亮的首饰。"她的回答清晰有力。

　　我们按照里基理想中女性的样子采购衣饰。事实上，在忽略、遮掩自己之前，她原本的打扮就符合自己心中理想的形象。我们先是买了 Diane von Furstenberg（DVF）的彩色印花裹身裙。这类连衣裙选用弹性面料，能凸显她胸部、腰部和腿部的曲线，又能遮住小肚子。里基还偏爱稍许修身又性感的高领毛衣——很多黑色电影里的妖娆熟女也偏爱此类。这类风格能让她身段尽显，又不会太过暴露以致手足无措。我们还采购了修身喇叭裤来烘托女人味，将她独特的优势发挥得淋漓尽致。

　　里基的信心并非来自于新衣服，相反，这些衣服仅仅是她逐渐重拾信心之后的外在表现。我对里基说，信心和其他情感一样，有波峰波谷。今天可能一起床觉得自己能拯救地球，而明天可能一睁开眼就只想蜷在床上。就像为其他人提供治疗时一样，这一次我也帮里基准备了一个情绪"急救箱"，以备情绪低落之需。当自信心跌入谷底的时候，她必须坚持每天锻炼一个钟头，跟好友打一个电话，穿上一身热辣的行头。有了失而复得的信心、艳光四射的衣橱和安全踏实的预案，里基跃跃欲试，准备以真实的自己去迎接这个世界。

　　期待已久的母亲节早午餐如期而至。前一晚，我和里基将衣服拆封、挂好。用她的话来说，这些新衣服表达了她内心的力量和对生活的热情。聚餐时，里基选择了一身米白色修身鱼尾的山东绸套装，外面搭配粉彩格子花呢外套，脚踏一双裸色细高跟。这一身艳惊四座。艾米感觉母亲终于又恢复了当年的风采。"她很久没这样开心过了，"艾米对我说，"她的外表总算和内心合而为一了。我就知道她只是把真实的自己藏在了某个地方……她终于走出来了，我真为她感到高兴！"

很高兴向大家汇报，里基的转变是永久性的。虽然有时候又会缩进宽大的衣服里，但她不会宣布战败，而是立马打开急救箱——翻出《理查德·西蒙斯健身操》的视频锻炼一阵，之后穿上自己钟情的衣衫。虽然，她依然对采购衣服有些许恐惧，但是每次从衣柜里挑衣服时都能乐在其中。她告诉我，她的"青春年华"又回来了。

轮到你了

你可以把衣柜里的每样东西都视作情绪时间曲线上的一个点。你从什么时候开始不按照自己的实际身材来选衣服？什么时候开始把自己隐藏在衣服之下？什么时候开始只穿深色衣服来遮掩自己的缺陷？

请试着回想一下当初买下每件衣服的时间和原因。你当年买它时，是为了参加某个公共活动时穿，还是想宅在家里时穿？是不是因为当时觉得自己穿什么都不好看，病急乱投医，胡乱买下的？让一件件衣服编织出你的心路历程。试着根据衣柜给出的线索，找出情绪变化的根本原因。

　　纸上谈兵会陷入没有边界的无效分析。看着衣柜不采取行动是无法推动任何改变的。你必须采取行动，就像里基在接受认知行为疗法过程中一样，不妨做一次认知行为疗法实验。首先试着在只有自己的时候脱掉一件外衣，之后在有人在场的时候再试一次。比如，你的无袖连衣裙外面还披着一件开衫，那就脱掉那件开衫。行动之前，先预想一下脱掉之后的情景。你会紧张吗？如果会，为什么紧张？你觉得自己还会产生什么其他感受？别人会有何看法？你将如何应对这种不适？

　　实验结束后，留意一下自己的认知反应。比如，有没有不适感？如果有，是因为什么？你之前害怕别人会做出哪些反应？他们的真实反应又是怎样的？你自己感觉如何？是不是自己预想的比真实的感受更糟糕？这些负面的感受从什么时候开始出现，是在童年时、青年时还是成年后？

　　一次又一次这样的实验，能把自己一点一点推出舒适区，让你渐渐学会应对这类情况引发的焦虑。当你的情绪韧性慢慢经受住一轮又一轮的考验，你会留意到自己的外在早在不经意间摆脱了束缚，通体舒畅。

假戏真做

　　我在治疗中还经常采用"act as if"的方法（指装作真

的一样去行动）。假装自己拥有一副好身材，假装你热爱自己的身体。想想看，那些对自己身材充满自信的人，通常是什么样的？如果你不知道"热爱自己的身材"是什么样，那就去海滩走走吧——看看男人们是如何骄傲地晒着啤酒肚，女人们是如何与自己的脂肪一起悠然戏水的。

即使是假装某种状态，行为也会发生变化，促进思想和情绪的正向改变。举例来说，如果你表现出对身材有信心的样子，你就敢去买更有魅力的裙子，就可能会受到夸奖，或是瞥见镜子里的自己时莞尔一笑。这类感受将有助于你对自己"身材没有魅力"的成见提出质疑，让你对自己的外表更加满意，并且鼓励你今后要穿得更加自信。

如果你已经因为身材问题折磨自己多年，变化不是一蹴而就的。不论是选择"假戏真做"法还是衣橱分析法，首先，你要么就承认自己曾逃避自我、掩盖自我、伪装自我，要么就承认自己买的衣服尺码过小，或者只照让自己显瘦的镜子。

每个人都有需要重新审视那承载真实自我的躯体的时候。这一过程并不自在。如果某天早上，你发现穿衣打扮不像以前那么快乐，或是没有以前自信了，那么，是时候重新审视自己了。若你觉得自己的某个开关已经关闭了，那么，是时候去搞清楚问题到底出在哪儿了。

别怕购物：你值得大放异彩

有些人把逛街和打扮视作不得不完成的任务。讨厌这些活动的人往往不大喜欢自己的形象。试好衣服后一照镜子，就会进一步印证自己没有魅力的想法。我明白那种感受——当我"怎么看自己都不顺眼"的时候，没什么比试衣服更让人心烦了，看到试衣间镜子里的自己都会受到惊吓。那种时候，我甚至有赶紧回家穿上睡袍、点上香薰、吃生曲奇的冲动。

更普遍的情况是，人们因为不知道如何找到适合自己的衣服，不知道如何进行有效的搭配，所以不爱去买衣服，不爱穿衣打扮。我妹妹吉娜就很讨厌逛街，也不喜欢在衣橱中挑挑拣拣，尝试各种搭配方案。在她眼里，逛街是令人"窒息"的，是一种惩罚。每次逛街，她对自己喜欢什么、适合什么、缺少什么、去哪里买以及如何搭配一脸茫然。每当她要从衣柜里挑衣服穿时，都不知道里面存货如何、哪几件可以搭配、哪些适合自己，更不知道哪些该淘汰掉，哪些该拿去护理了。

为了帮助吉娜享受购物成功的体验，我通过让她多欣赏照片、常逛实体店，帮她找到自己所钟爱的风格。接着我把衣柜里符合她风格要求的东西选出来，把不符合的都淘汰掉。最后，我们一起去店里补货，确保这些衣服能和之前留下来的衣服风格相呼应，尺寸合身，能满足她的生活方式，让她穿上之后神采奕奕。

在这个过程当中，我还帮她戒除掉了妄自菲薄的坏习惯。"我的身材配不上这些衣服""我看起来真糟糕""我穿什么毁什么"这些话她再也不说了。吉娜不再让情绪蒙蔽自己。能够客观看待事物之后，一切只有合适或者不合适之分。在我的帮助下，经过不断试错，她学会了独自逛街，并且逛得硕果累累，乐在其中。

一旦明确自己喜欢什么、清楚自己适合什么，穿衣打扮就会成为生活中愉快的调剂。就像吃一顿大餐或是按摩放松一样，穿上那些看起来艳光四射、摸起来无比华丽的衣服只会让你感觉好多了！

穿衣打扮能够调动人的所有感官。带有贝壳装饰的淡米色披肩让人平静；橙色缎面鸡尾酒会礼服裙搭配洋红色凉鞋，能点亮人的心情；走路时银色手镯叮叮作响，转弯时派对舞裙窸窣低吟；人造皮草的柔软缱绻在颈边，仿真丝绸裤撩动着每一寸肌肤。从此以后，不论在家还是在商店试衣服，你可以用这些感觉来衡量自己的感官体验。这不仅能帮你找到最可心的衣服，还能排遣挑选带来的烦扰。

每次陪朋友或者客户逛商场时，如果看到她们试穿了一件非常不错的衣服，上身效果和自我感觉都很满意，最后却因为"真的穿不出去"而转身走开，我总是觉得十分痛心。她们不是买不起，但就是不愿把辛苦钱投资在自己身上。在她们的认知里，似乎买东西之前都必须出庭为自己做无罪辩护一样。

我想对这些人说，花点时间、精力和金钱打扮自己、犒劳自己，永远不需要感到愧疚，也不需要因为别人的看法而感到愧疚。

正如我在本章开始时所言，宝贵的内在配得上用心的包装。你为什么还不开始好好打扮自己呢？我一向坚信，每个人都应该在自己经济能力的范围内穿上最好的。一分钱一分货。为什么不买点自己心仪的东西，就算稍微贵点又有什么关系呢？

"暴露疗法"同样适用于这种情形。如果你长时间将自己暴露于所焦虑的事情面前，同时辅以放松技巧，最终将战胜焦虑。暴露疗法通常用于那些患有多种恐惧症或容易惊恐发作的患者。应用在购物问题上，意味着迫使自己主动经历之前每次购买好产品时出现的揪心感和愧疚感，但只要过了心里那一关，不论自己或别人如何评价，愧疚的情绪都会淡化很多。

很多时候我们担心自己稍微穿得突出一点，就会惹人非议，或是畏惧社交圈那些总是先对别人的穿着发表意见的人。我身边就有不少业余时尚评论员。她们通常是全场衣品最差的，但这丝毫没有削弱她们在消极攻击上的热情——"你这都穿了些什么？""哇哦，这一身可真是……有点意思哈？"你永远别指望她们的温言细语或和颜悦色。她们每次都会问我为什么总是盛装出席——即使我穿的是牛仔裤和衬衫。请注意，她们永远不会说我穿得"好看"，只会说我穿得"隆重"。我曾一度想迎合她们的口味，希望能够避免那些伤自尊的评论，但这样一来，却要勉为其难地削弱对自我的感知，降低自尊。如今，我只会按着自己的想法穿衣打扮，甚至什么让她们抓狂我就穿什么！

买点好东西犒劳自己，就像任何自我宠爱的行为一样，能够引发长期的正面效应，特别是，如果每次穿那身衣服都会改善自我认知，便更是如此。众所周知，在飞机上，成人要先给自己戴好氧气面罩，才能帮助身边的小孩戴。同理，关爱他人，从呵护自己开始。

关爱自己最简单的方法，就是花点心思找到上身效果好的衣服，并且经常穿着。不要担心昨天的自己会如何看待今天的这份宠爱，不要等到猴年马月才穿上压箱底的宝贝，也不要在意那些谈论你行头价格的窃窃私语，更不要回应那些"你为何穿得这么'隆重'"的挑衅。装点好你的外在，让内心的光芒展现出来。

衣尽其用快手技巧

不要穿得太紧身：紧身穿着骗不了任何人，不仅不会显瘦，相反还可能会让你更显臃肿，简直与香肠无异。若一件衣服穿在身上需要使劲拉拽、抻开、撕扯甚至撑裂，那就不要买，也不要穿。在美国，尺码没有标准化，A 店的 2 码会成为 B 店的 10 码，同一设计师品牌的不同产品线也会有这样的差异。因此请忽略尺码标签上的数字。更不要用尺码上的数字评判自己！你只要找到合身的就好。

不要穿得太松垮：你会在蒙娜丽莎的画像上罩一个麻袋吗？你会在满园的玫瑰上搭一条毯子吗？如果答案是否定的，那你为什么要用麻袋一样的衣服罩住自己呢？别让自己与世隔绝。找到适合你的衣服，意味着先要照顾到身体最宽大的部分，其余地方尽量贴合轮廓曲线。如果你对版型或尺寸感到困惑，就好好做功课。你可以访问时尚网站，找到挑选衣服版型尺寸的指南；可以询问门店的导购；还可以请教知名的裁缝。就算你穿衣服以舒服为首要前提，那也不至于一直穿着大号的运动服或松垮的瑜伽裤。试试裹身裙、牛仔裤。相信我，任何时候，你周围的人都会偏爱这类打扮，而不是破破烂烂的造型。

扬长避短：有些人天生就有身材优势，可能是修长的美腿，也可能是纤长的玉臂。不管我多希望你能完全接受自己，你总会有不满意的地方。如果是这样，那就学会扬长避短，巧妙展示自己的过人之处，把注意力从自己无论如何也不能接受的身体部位移开。如果有些地方你确实没法改变，就没必要耗费太多精力。人生苦短，何必纠结？如果你不大喜欢自己臀部以下的部分，那就试试不让臀部显眼的衣服，比如伞裙和前面无褶的裤子；如果你讨厌肚子上的赘肉，那就试试高腰裤；如果嫌自己的手臂粗，七分袖能够帮你解决这一烦恼。

破釜沉舟：有时候，我们没有那么讨厌自己的身体。也许，我说也许，你对自己讨厌的部分，说不定能由恨生爱。还记得里基用过的暴露疗法吧？当她被迫直面那些害怕的东西时，恐惧感会渐渐弱化甚至消失不见。你可能觉得我太疯狂，但破釜沉舟也许真的有用。

平衡重点：穿搭得体的一个关键是比例匀称。宽大的上衣配上松垮的裤子，会让你混成难以名状的一团。即使你必须要穿宽大的衣服，一次最多也只能穿一件。这一原则还适用于那些过紧、过长、过短、过素或过艳的衣服。混合利用不同的风格会增添装扮的趣味，也会让身形更有美感。

行动起来：你可以选择坐以待毙，继续自怨自艾；也可以采取行动，改变自己。最好不要等着女儿打电话来求救吧？我最恼火的事情就是，一些人仔细研读了很多关于改变的书，并进行了专业咨询，上下求索，寄予厚望，但就是无法付诸实践。如果你对自己身材的担忧是健康的，不是建立在对美的误解和扭曲之上，那么请立即行动，寻求帮助。找一个我这类的衣橱咨询师也行，去健身房也行，上营养课也行，求医问药也行。如果你不喜欢自己，就努力去改变。另外，直面自己的厌恶，和改变一样有力。到那时候你就会明白我的意思了。

请花点时间把自己打扮得体面一些，同时转变你对自身的消极态度。不要忽略自己的外在形象，而是要展示出自己的价值，即使你暂时不认为自己是有价值的人。

就算你觉得自己缺乏吸引力、不够可爱、不被认可，也请记得假装出一副美丽、知性、可敬和有价值的样子。想想看，这样的女人举手投足是什么样的？首先映入脑海的，多半是会精心挑选衣服、做头发，佩戴迷人的饰品。所以别再留着那些锦衣华服，等到有派对时才穿……即使去杂货店逛一圈也可以穿啊！没有什么比看着镜中衣着华丽的自己更让人满怀欣喜的事了！培养外在自我，改变你对内在自我的反应……假戏真做起来吧！

因地制宜

不管你是什么尺码，什么体形，都能靠一些技巧给穿着打扮加分。虽然听起来不太现实，但我真诚地希望每个人都对自己的身材感到知足，更希望你们能穿上最心仪的衣服，不再只考虑遮住自己嫌弃的部位。接下来，我想分享一些扬长避短的方法。

上身

如何缩小

支撑性文胸将是你最有力的工具。文胸一定要刚好能完全包裹并支撑你的胸部。如果不能完全包裹胸部，不仅会在穿合身的衬衣时出现奇怪的形状，胸部还可能在弯腰时跑出罩杯。文胸的肩带一定要紧贴身体，没有翻卷或者悬空。罩杯要与胸部的高度自然契合，肩带不能绷得太紧。总之，我强烈建议你去做一次专业的文胸试穿！

略宽松的交叉 V 领上衣可以很好地凸显肩部，弱化胸部的视觉。当然如果你害怕走光，稳妥起见，可以内搭一件打底背心。

如何放大

如果胸部较小，文胸戴不戴都可以。如果想借助一些外力让胸形看起来更为饱满，可以试戴带内垫的款式或者硅胶垫片。尽量不要穿胸部特别宽松的衣服，例如拼接式或内置胸垫式的衣服。可以多尝试修身的船领和圆领衣服。如果你希望显得上身更丰满一些，可以试试这个部位带褶边或者其他装饰的衣服，或者戴条项链。在一些盛装出席的场合，也可以试一试超深 V 的款式。

腰腹

如何缩小

如果腹部和臀部的赘肉让你苦恼，有不少塑身内衣能够解决这一问题。如果不需要连衣款式，还可以选用宽松的上衣搭配紧身的裤子，或者试一下胸部以下呈喇叭形的上衣。在腰臀部位收紧并带有皱褶或中段完全包裹的连衣裙、上装，也都有助于掩盖这个区域的问题。

如何放大

分段式着装有助于放大这一部位的想象空间。如果你想凸显身材曲线，可以戴一条特别宽或者是特别窄的腰带，提高视觉上的腰臀比。此外，前部无褶的高腰裤也有助于将腰部纤细的特征放大。

下身

如何缩小

首先要保证内裤合身平整，贴合外裤。挑选裤子尺码时先要照顾到臀部最宽的部位，之后从那个点出发自然顺下来就好。裤子不能太松，否则会埋没曲线之美。如果裤子或紧身裙不太适合你，可以选择鱼尾裙并搭配些显身材的上衣。

如何放大

千万不要穿太垮或者挂胯的裤子。可以试下修身的风格，利用前部带褶皱的半身裙或者阔腿裤增加这个部位的层次。臀部嵌入垫料的裤子也可以增加该部位的曲线。

～

对身材的过分在意、不当评价和过度不满都是不必要的。一个人最关键的价值往往是无形的。而你的身体，不过是承载了"你"的躯壳而已。

关于体象障碍的补充说明

对身材的负面看法让里基备受煎熬，幸好这些负面情绪还没糟糕到需要进行临床诊断和干预的程度。根据美国精神病学会发布的《诊断与统计手册：精神障碍》（DSM-IV-TR），体象障碍症（BDD）是一种心理障碍，主要特征是对臆想的缺陷或形体上的微小不足过度关注和焦虑。据统计，有此症状的人约占 1% ～ 2%。[15]

该类人群可能关注身材的某一个或是某几个缺陷，受困于整体的外在形象，导致情绪压抑，损害社交、工作、人际关系的正常运转。《破镜》一书的作者凯瑟琳·菲利普斯博士通过对 500 位 BDD 患者进行研究，发现人们最容易不满意的部位是鼻子、肌肤和头发。[16] 这一症状可能是焦虑症或饮食失调症的一部分，同时也有引发抑郁症和焦虑失调等症状的风险。

BDD 患者每天至少会想到一次自己的"缺陷"，甚至有时候会纠结几个钟头。他们像着了魔一样反复检查自己的外表，掩盖自己的缺陷。对自己外貌的过度恐惧导致 BDD 患者害怕别人注意到自己的缺点。根据《诊断与统计手册：精神障碍》，BDD 患者为了避免他人可能的批评和嘲笑，会刻意避开与他人的交往，导致日常生活的正常运转出现问题。

像大多数心理失调一样，BDD 的背后有多种原因，包括基因和环境因素，分别影响患者生理和心理的反应。BDD 在男性和女性身上的发病率未见显著差异，其症状通常会在青春期或刚成年时出现，那正是人们开始注意和评判自己外观的年龄。

BDD 可以通过药物和心理咨询来治疗。由于 BDD 是慢性症状，若不尽早处理不会自行缓解，只会愈演愈烈。一般来说，女性比男性更主动寻求这方面的治疗。由于临床症状容易引发抑郁症，自杀风险较高，因此尽早治疗十分必要。

如果你或你身边的朋友正在遭受 BDD 的折磨，你可以在网络上寻求帮助，如美国心理学协会官网（http://www.apa.org）、美国精神病学协会官网（http://www.psych.org）、美国心理卫生协会官网（http://www.nmha.org）和美国国立精神卫生研究院官网（http://www.nimh.nih.gov）等。

第五章
性感有度

致以裸露夺人眼球的出位者

　　上周四晚上，我在语音信箱收到凯特的求助信息。她情绪慌乱，声音颤抖，请求和我在周末碰面，并不惜支付额外的周末加班费用，进行一次紧急衣橱改造。在我给她的回电中，她低声啜泣着娓娓道来。

　　"今天午餐的时候，老板让我去她办公室，聊聊工作表现。谈完绩效之后，她说想和我谈谈穿着问题，因为一些客户向她提出意见。我当时穿着的那身也引来非议。客户觉得在办公室这样穿有伤风化。现在，老板让我去找一些"得体"的衣服，否则周一就不用来上班了。你能相信竟然会发生这样的事情吗？"

　　说实话，我能相信。有太多人穿衣打扮不顾场合，而且这些人通常也意识不到自己有问题。

　　见面那天，凯特开门时，穿着黑色木质厚底高跟鞋、黑色打底裤，白色背心里的黑色文胸若隐若现。她在做衣橱改造咨询时都穿成这样，那么她在办公室时的样子也可想而知。

"嗨，凯特，"我跟她打招呼，"咱们直接去看看你的衣柜吧。"

她的衣柜简直是一座少女梦幻花园：明媚的马卡龙色、亮片元素、迷你裙、打底裤、无袖背心、露脐装和细高跟。可惜凯特已经不再是未成年少女——她已经 26 岁了。

我们一起清空衣柜，把衣服摊放在能找到的最宽敞、最干净的地方，为后面有效处理衣物做准备。不过，找到这样的地方可并不容易，最终我们选择了地下室的地板。

"凯特，我想先问一下，你老板那天说的是哪套衣服？"凯特从衣服堆里抽出一件带褶皱的白色衬衫，一条 Hervé Leger 黑色一步裙和一双红色漆皮超高跟鞋。"我很喜欢这套衣服。"她说，"不知道那些人是怎么回事。他们把我当什么？尼姑吗？"

我让凯特穿上这身，给我看一看。

凯特像踩高跷一样摇摇欲坠地走向我。我当然可以欣赏一双漂亮的鞋，但是这双鞋的高度再搭配一双拐杖可能更合适；同时，她的紧身迷你裙和里边的蕾丝丁字裤太过性感，简直到了一览无余的地步。此前我一直认为足够保守、可以作为职业装的白衬衫，在她突破了第二颗扣子的防线之后，乳沟若隐若现。我终于明白她为何会惹麻烦了。

裸露的动机：女人的性魅力

在成为心理学家之前，我曾是一名教师。那时候我最喜欢做的练习，就是让青春期的女学生们在看完杂志和广告之后告诉我，女人和男人的价值分别是什么。当时她们看的杂志题材广泛，上至金融下至时尚。这些懵懂的小姑娘们尚未被世俗所浸染，但答案却惊人地一致：女人的珍贵之处，是年轻（没有皱纹、皮肤光亮等），容貌姣好（大眼小鼻、嘴唇饱满、发质丝滑）和身材火辣（四肢纤细、双腿修长、丰乳肥臀、腰肢袅娜）；而男人的价值，在于功成名就（华服名表、香车豪宅、位高权重）。

描述女人的特征通常从身体开始。大胸、翘臀、细腰和美背是"理想"女人的必备特质。无数研究表明，男人本能地对腰臀比例相差悬殊的沙漏型女人有好感。这一神奇的比例意味着旺盛的雌激素和生育能力，是男性传宗接代的理想对象。

几千年来，女人的权力一直取决于生育后代的能力，而这又往往取决于她们身体的年轻程度。魔鬼般诱人的沙漏型身材、飘逸的长发和柔嫩富有光泽的肌肤，都是生育能力的标志，也都会随着年龄的增长而逐步衰退。

那么，在女性解放的现代社会，我们真的摆脱了这种古老成见吗？女性是否真的获得了外在的权利，尤其是对性的自主权？是否以性魅力为代价，才赢得了专注内在的机会？

内外兼修还有可能吗？

　　攻读心理学学位时，我学过一个社会心理学的概念，叫"圣母妓女情结"。这一概念准确描述了所有女性都不得不面对的二选一的困境。根据这个理论，人们对女人同时具有两种互斥的理解：要么是一个能放心获得父母首肯的高冷圣母，要么是在床上极其放纵的荡妇。尽管我们希望人类的思想是具有前瞻性的，但这一情结一直延续到今天。女人依然只能是圣母和妓女当中的一类——这仍然是大多数男人，甚至不少女人的观点。穿着打扮往往是他人了解我们的开始。人们会利用这一信息来对他人进行第一次归类。因此，在日常生活中，那些受到衣着困扰的人，很有可能难以在两类人设当中找到中间地带。

　　那么露到什么程度是恰当的？在本章中，我们将讨论穿着打扮给他人传递的信号，一些人穿着过于暴露的原因，以及如何在性感和得体之间实现平衡。

穿着暴露检查清单

☐ 你是否曾在增重或长高之后，依然沿用过去的衣服尺码？
☐ 衣服在缝合之处是否过于紧绷？

☐ 扣子、拉链、子母扣、挂钩之类的部位是不是太紧了？

☐ 你的衣服里有没有胸前"聚拢型"的、带搭扣的或超短款？

☐ 穿衣服时身体的某个部位是否感到拉扯？

☐ 是不是弯腰、后仰、坐下或跷二郎腿时会走光？

☐ 你上班和去夜店会不会穿同样的衣服？

☐ 你穿露乳沟的衣服吗？

☐ 你穿露脐装吗？

☐ 你穿露背的衣服吗？

☐ 你穿露大腿的衣服吗？

☐ 你是否穿过上述部位全都暴露在外的衣服？

☐ 有没有人盯着你露肉的地方看过？

☐ 你是否曾因为自己的打扮而招来闲言碎语？

☐ 这样的关注是否让你不舒服？

☐ 你是否会利用暴露的穿着来吸引他人的注意？

☐ 亲朋好友或者同事是否劝过你穿得稳重点，或劝你穿得
低调点？

☐ 你是否经常是全场穿得最开放的人？

☐ 穿得太暴露是否曾给你造成过尴尬？

☐ 你是否曾想过改变自己的形象？

☐ 你是否觉得，穿太多就不性感了？

☐ 对你来说，在性感和端庄之间找个平衡是不是十分困难？

如果以上大多数问题的答案是肯定的，那你可能确实穿得太暴露了。如果你对自己的裸露程度比较有把握，从未引发任何困扰，那么可以跳过本章内容。要是你已经对自己着装的裸露感到不适，却找不到性感和甜美之间的平衡，那这一章正适合你。它能够帮助你找到适合自己的形象，发掘目前着装风格的内在原因，并且引导你找出真正应该显露在外的美。

案例研究

凯特的故事
——裸露更少，美丽就好

解决这一问题的第一步还是和之前几章介绍的方法一样。相信你已经驾轻就熟了。我们先把穿坏的、洗不干净的和从未穿过的衣服筛选出来。趁这个机会，我快速扫了一眼凯特的衣着选择。尽管衣服或多或少都存在太短、太紧或太暴露的问题，但她的审美还是非同一般的。比如说，那套害她惹麻烦的职业装，只要稍作调整，就能即刻变身经典款。关于凯特的穿衣打扮，我观察到四个特点，并想出了解决的办法。

观察 1：不论是上班、晚餐、去教堂还是去夜店，她的穿着风格都没有改变。

问题：不懂按照场合调整着装方式，以为在夜店穿的衣服，在其他地方也会穿。

对策：先挑出确实适合所有场合的基本款；再把其他只适合某个具体场合的衣服分级分类；最后把不合适的处理掉。

观察 2：大多数衣服都是马卡龙色。

问题：巧妙运用马卡龙色可以吸引眼球，但全部如此就稍显幼稚了。

对策：将马卡龙色作为点睛色；以中性色或其他更鲜明的颜色作为衣柜的主色调。

观察 3：衣服总是不太合身。

问题：版型不是太短就是太紧。

对策：学习什么样的款式才真正适合自己的身形，包括长短、尺寸和裸露的程度。

观察 4：衣服和饰品上的点缀太繁杂了。

问题：太多闪亮的东西降低了经典款的调性。

对策：选择有品位的装饰点缀，适度使用。

可惜，凯特并没有马上意识到自己的着装选择是有问题的。她反倒觉得其他人都太一本正经了。我现在的首要任务是找出到底是什么把凯特第五大道的时尚嗅觉拉低到了代托纳沙滩湿 T 恤比赛①那种让人咋舌的水平。

那天下午，我让凯特穿上她最得意的一身装扮去市中心的闹市区。她上半身穿着深 V 领亮粉色衬衫，露出斑马纹聚拢文胸，下半身穿着半透明的白色弹力裤，不用穿内裤的那种。那天，她的任务就是到处逛一逛。

在凯特四处游荡的时候，我趁机询问了一下路人对她衣着的看法，并将每一个评价都记在了便签上，以便一会儿转述给她。逛街结束之后，我们回家讨论这次出行。

我问她对自己这种穿法感受如何，觉得会给他人传递怎样的信号。她的第一反应是："信号？什么信号？"凯特根本就没有意识到，穿衣打扮也会说话。我把收集的反馈依次读给她听——"不成体统！""她这是去夜店吗？""婊子！""她这么穿，她妈妈知道吗？""嗯，很性感！""便宜货！""我愿意和她睡一晚"……

我并没有刻意用很尖酸的声音来转述，但凯特听完后还是沉默片刻，脸"刷"地一下红了，继而哭了起来："我才不是婊子！如果不穿这些，那我该穿什么？难道 26 岁的人

---

① 译者注：湿 T 恤比赛是一种暴露的选美比赛，典型的特点是年轻女性在夜总会、酒吧或旅游胜地表演。这项活动一向是大学春假庆典的主要谈论话题。

就只配穿成丑八怪吗？我不要！"

公告牌理论：了解他人如何看待自己

根据外在去理解内在是人类的自然反应。凯特的穿着在外人看来，就是不成体统、低俗不堪。但凯特认为自己完全不是那样的人，说明她的内外之间确实存在不一致性。我的任务恰恰就是要扭转这样的不一致性，让她表里如一。凯特需要用得体的衣着来拥抱自己，向外界正确传达她希望传递的信息。

不管你是否愿意，人们都不可避免会按照穿着给别人分类，或者被人按照穿着分类。一个女人如果穿着经典紧身裙，搭配珍珠链，那么她会被定义为"成功人士"；如果她穿着一身松垮的运动装，人们会觉得她的生活有些失控；如果她穿得略显暴露，人们会判断她内心极度渴望受到关注。

虽然我们可能会尽力克制贴标签的倾向，但是人类的本性总是善于把人员、物品和地点分门别类。举例来说，如果你打扮得像个私立学校的精英，穿着刺绣裤子，打着斜纹领带，留着英式长卷发，那么旁人就会认为，你不仅是这个圈子里的人，而且必然具备他们的其他特质——夏季开着游艇出海度假，毕业于常春藤名校，家中古董琳琅满目，姓氏都叫某某几世之类的。

人类之所以喜欢这样以貌取人，是因为这是最省事的方法。这种以偏概全的倾向源自走捷径的天性——利用最简单的方法去解释事物。看到一个人，分析他的风格，将其归入最显而易见的类别中，这么做几乎不费吹灰之力，而且从结果看往往逻辑自洽。

凯特就正遭受着旁人走捷径所带来的负面影响。那次闹市区之行，让凯特意识到，人们看到她，便会立即贴上标签。在他人眼里，她那身装扮就代表她是个"放荡"的女孩——这也是针对她的衣着最粗暴的定义。

起底过去

我问凯特，这种标志性的性感妆扮始于何时。凯特说："从我开始发育的时候吧。青春期开始，12 岁左右。"

我接着问她保持这种风格的原因。凯特说自己发育比较早，在 12 岁时就有了成年女人的身段。听到这样的答案，我终于找到了深层创伤的根源了。

如果男孩发育得早的话，通常会在社交、性征、情感和心理方面比同龄人更有优势。男孩的发育程度同成长水平是成正比的，而女孩则并非如此。如果女孩发育得过早，影响则是极为负面的，通常会对学习成绩、社会适应能力和自尊心有负面影响。[17] 作为女性，那时的凯特并不是受男孩尊敬、受女孩喜爱的女神。在同龄人眼里，她不过只是一个丰满到会把胸罩带子绷断的"大胸女孩"。年少时的经历让她对自己的身体爱恨交织。一方面，她享受身体超前发育的力量优势，以及由此带来的关注；另一方面，她又厌恶自己的智慧和幽默感因此屡遭忽视。更重要的是，那个年龄的她并不懂得该如何应付自己的身体给周围人带来的影响。

在心智层面还是小女孩的凯特，被套在了一副成年女人的皮囊之中。她就像一个被强按在驾驶室的孩童，不知道如何开车、刹车、加速，不认识交通标志，不知道驶向何方，不懂得避开马路杀手。可怜的凯特如同被赋予了超出承受力的巨大魔法，却没人教她如何驾驭这股力量。

很多女孩都经历过凯特的困境。含苞待放的小凯特，以儿童的心智，支撑着女人的身体。"我在青春期时过得很不自在。有一次，我看着镜子，疑惑自己究竟怎么了？"有些女孩会以节食来试图阻止青春期，或者把自己捂得严严实实来遮掩身体的变化。而凯特则属于另外一类，转向过分的暴露来超额补偿自己发育中的不适。可惜的是，这两类做法都不能有效地遏制失控感。

凯特自那时候起就穿得很暴露，也因此习惯了成为焦点。她还发现，每次穿得保守一些，大家的关注就会减少。最后她干脆破罐子破摔，既然控制不了身体发育，那就以变本加厉来应对。尽管这些听上去已经解释了凯特穿着暴露的原因，但我坚信，肯定还有更深层次的根源。

一个人明显的、过分的、粗糙的、不健康的性表达，可能源自某种性差辱或心理差辱。这既有可能是幼年时期因为某个部位遭到过嘲笑，也有可能是因为遭受过近亲的性侵犯。

源于心理创伤的性表达最开始可能是出于功能性目的，例如保护身体使其免于他人的窥视（掩盖），或者通过外显行为（裸露）来弥补内心未被满足的需求。当心理创伤烟消云散之后，残留的只有创伤记忆，曾经拯救过她的应对机制已无法奏效，这些机制不仅失去了意义，还阻碍着她的成长。她除了在跟已经消失的敌人作战，还在与将她困在过去的行为纠缠。

每一次注目、嘲笑和嘘声，都让凯特想起她情感成熟和身体成熟的不同步。尤其像"你这身材就是为性爱而生的"这种冒犯的话，一直是她挥之不去的噩梦。讽刺的是，为了应对这种物化她身体的言论带来的伤害，她只会用自己最擅长的方式来回应——进一步夸大自己的性感。以更加暴露作为反击，反而让她夺回一些掌控。不幸的是，长大以后，凯特并没有改变自己的策略，继续打扮得像一个"有些早熟的女孩子"。

闹市区实验

周五晚上，我们去了男人扎堆的地方——"欢乐时光"酒吧。我让凯特穿上最热辣的装扮：紧身牛仔裤、艳粉色高跟鞋、亮粉色蕾丝吊带，还有她最爱的聚拢文胸。凯特一身珠光宝气，不但有钻石耳环、手镯、莱茵石手表加身，十根手指也几乎戴满了戒指。

这是个绝佳的机会，让我可以好好观察一下她在自己的栖居地如何游刃有余。"凯特，我想见识你真实的样子，领略一下你如何惊艳全场。"不出意料，那晚从头至尾，她的翘臀吸引了众多目光，乳沟引发的话题从未停止。凯特甚至成了全场女性的公敌。男人们不停地过来向她索要电话，请她喝酒，当然更有不少人约她一夜春宵。

周六早晨，我们回顾前一晚的战况。我问她是不是经常吸引这样的关注。凯特大方承认："当然，有哪个男人能不拜倒在我的石榴裙下？"

我忍不住追问："但我记得你曾经说过想发展一段稳定的关系。有多少向你索要电话的人后来给你打过电话？有人和你建立长期深入的关系吗？"

"没有，"凯特无所谓地说，"我还年轻，找男朋友的时间多得是。"

漫长的沉默之后，她开口说道："其实，我还是希望找个好男人，但我并不觉得这样的人存在。"

几周之后的一个晚上，我又约她故地重游。不同的是，这一次由我来做造型师。我选出那条 Hervé Leger 黑色一步裙，配上黑色船领丝质无袖上衣，将上衣扎进裙子里，制造出褶皱效果；脚上则穿一双黑色漆皮皮鞋，与黑色漆皮腰带相呼应。我只允许她佩戴一件首饰，她选择了一对款式夸张的钻石耳钉。

我们直奔上周五去的那家酒吧。这一次，凯特依然赚得一些回头率，但是没人给她抛媚眼、盯着她或是眉目传情了。

依然有人在她落座前帮她拉开椅子，进门前帮她开门，但没人来挑逗、嘲弄或是动手动脚了。直到最后，都没人来向她索要过电话号码，请她喝酒，或约她过夜。但是，她却同一位男士相谈甚欢，还受邀同一群姑娘跳舞，以欢庆其中一个姑娘即将到来的婚礼。

凯特度过了愉快的一晚。她全身心地享受自己，不用惦记着吸引男人的注意力。她发现不靠出位的打扮，仅仅通过自己的谈吐，也能吸引志同道合的人畅聊一番。这感觉其实也不错。

利用勾魂的眼睛、修长的美腿、光泽的秀发这些外在元素给自己的内涵锦上添花，可以丰富社交生活。然而，以色侍人者，色衰而爱弛。当人们对凯特的关注只有裸露的大腿和乳沟，就会忽视她独特的内在品质。但事实上，她的内在远比外在更有魅力，更有意义。

外表的吸引是促成两人在一起的最初动力，但这不足以让人们长相厮守。我向凯特挑明："人的外表会随着年龄增长而改变。等 26 岁这碗青春饭吃完，你打算怎么办呢？"

实验结束之后，我们讨论她的收获。"我发现我的穿衣选择总是很爱走极端，非常戏剧性。不是特别纯真，就是极其狂野；不是过于单调，就是过于热辣。通过这次实验，我意识到两者之间也是有中间地带的。"

我继续追问："还有其他收获吗？"

"我希望自己不仅靠胸部吸引别人。我的意思是，后来那一晚我获得的关注确实少了，但是质量却提高了。"接着，我对她解释，她此前的打扮可能抓人眼球，但也会分散他们的视线。"别人只能看到你身上的某些部位，无法真正注意包裹在这些衣服里的你。"

最初，凯特依然有些抵触，后来她终于明白，穿得稍微保守一点并不会让她失去价值或者魅力。她也领悟到，靠着装搏出位而得到的关注，并不会帮助她和喜欢的人建立更深层次的情感联系。"鲍博士，我明白了。不过，要在低俗廉价和正经无聊之间找到一个平衡点，可不是件容易的事。"

我笑道："其实很简单，你只需要做到表里如一就好。"凯特此前的形象并不能准确地传达她想要表达的信息。我们现在的任务就是编织她想表达的信息，交给衣服来说话。

打磨自己的信息

凯特希望自己看起来年轻漂亮。她希望凸显自己的曲线，而不是埋没每天在跑步机上一个钟头的劳动成果。

我必须以退为进："我明白你的意思。那么，你希望别人眼中的你是个怎样的人？"

凯特想了一分钟，回答道："年轻貌美，游刃有余，风趣幽默，职业干练，既有商务人士的魄力，又有俘获男人的妩媚。"我知道凯特想要的是什么了——通俗点说，是女超人。

"对啊，"凯特感叹，"就是这样。女——超——人。"

对凯特这样的女人来说，需要有人激发她的潜能和渴望，才能有所进步。和一部分穿着暴露的女性一样，凯特因为过度裸露，已经失去了自己真正的力量。将身体物化、全盘奉上的背后不是强大气场，而是脆弱无力。这些女性大胆出位的穿着，就像在恳求他人的认可——"看我一眼好吗？你觉得我好看吗？"期待每一个人认同的绝望昭然若揭。相反，当你穿得像个女超人时，举手投足间都是对自我身体的欣赏。能否得到答复无关紧要。

凯特很幸运，她的衣柜里储备了诸多经典款，只要搭配得体，就会光芒四射，传递出她想表达的信息。我们用基本款组合出多种方案：深色紧身牛仔裤配上简单的白色背心，这是休闲场合的好选择；黑色西装裙套装露出一点蕾丝，是生活中的小情趣；米色紧身裙搭配豹纹腰带，也不失为一种风情。

此时凯特终于能够清晰意识到自己此前对外界传达的错误信号，并重建衣柜进行修正——塑造一位兼具"落落大方"和"文艺气息"的女超人。她在保持性感的前提下，为自己增添了知性和精致。慢慢地，她开始享受男性的陪伴，而不是被男性物化。

更重要的是，她化解了此前工作上的危机。衣着上的改善获得了老板的认可。此外，随着穿着更符合自己的内在，凯特觉得自己更能胜任这份工作了。她承认，确实需要一些时间来适应自己的"低调"和"回头率降低"。但仅仅几周之后，凯特发现，提高关注的质量远比数量要重要得多。

轮到你了

识别信息

闹市区实验让凯特有机会审视自己穿着所传达的信息，思考这一信息是否与她想传递给外界的信息一致。如果你想进一步锻炼自己这方面的能力，借助一摞时尚杂志就可以了。

作为心理医生，我经常和客户一起，通过杂志来分析有关性别角色、性别平等、身份认同以及性征体现等方面的信息。通过这种方法培养的分析技能，可以用于我们以后对自己衣橱的分析。多数人更善于分析别人，而不是分析自己，这也解释了为什么心理治疗师从来不缺病人——他们能帮助来访者更客观地看待自己，并内化这种能力。我希望凯特也多多利用杂志来分析"他人"的衣着，从而培养分析自己衣橱的技能，逐渐内化我教给她的技巧。

这项练习首先需要观察杂志里面各式各样的打扮，试着识别每种穿搭所传达的信息。如果这一练习难度太大，可以找一位亲友来帮忙。事实上，人越多越有效，因为大家能在分析中达成共识。

到最后，你就能像凯特一样，驾轻就熟地辨识出每种打扮所传达的信息，也包括自己传递的信息。从衣山鞋海中找出设想的几套搭配，分别摊开，然后分析它们所传达的信息。这样一来，你就能像凯特一样，通过细微的调整，撬动形象上的巨大改变。

是时候一扫过往，为全新的自己梳妆打扮了！

创造属于你的信息

哪个女人不想备受倾慕，雁过留声，让男人拜倒在自己的石榴裙下呢？为了做到这一点，有些女人选择穿更短、更紧、更性感的衣服。遗憾的是，这种做法并不会给人带来力量。我们足够成熟，可以选择自己认为合适的方式展示性魅力，但是这并不意味着我们可以肆无忌惮。如果我们相信，女性唯一的价值就是用性征去诱惑男人，那么我们的内心价值，就将仅仅来源于外部的反馈——这和倒退回旧社会裏小脚没有什么差别。

在性感和暴露之间找到平衡很有必要。要打造性感又不失分寸的形象颇具挑战，但也有"技"可循。

功能：开始分析时，我首先指导凯特辨认哪些衣服适合所有场合，哪些衣服只适合特定场合。举例来说，她的白衬衫、黑色铅笔裙、无袖背心、西服、漆皮高跟鞋和腰带能用于多种场合；而系带凉鞋、迷你裙、紧身上衣则只适合夜间派对。

我们把后一类单独摆放到衣柜的一块区域。

辨认基本款其实很容易。那些穿着最频繁的、基本每周洗一次的、扔在洗衣篮里太久会让人抓耳挠腮的，都属于这一类。这些撑起衣柜半边天的单品应该适用于春夏秋冬各个场合，能够彼此搭配、相得益彰。这些"离了活不了"的基本款一定要合身，不能太紧，不能太短。色彩要能提亮肤色，面料要优质，能经得起时间和洗涤的考验。

色彩：我毫不留情地淘汰了凯特那些马卡龙色的鞋子、裤子和裙子，它们太装嫩了，不能当作基本款。但我留下了一些小件的马卡龙色单品，比如围巾、夏装上衣和首饰。之后，我带她去购置了一些珠光色调的衣服来替代淘汰掉的日常主打。凯特意识到，自己的着装一直停留在少女时代，止步不前，是因为自己一直无法摆脱青春期的心灵创伤。我告诉她，这种马卡龙色的穿着只会让她愈发困在原地。这让凯特下定决心做出转变，也最终愿意与治疗师一起面对内心的深层问题。

你也可以像凯特一样，利用色彩来传递自己希望表达的信息。其实，每一种颜色都有独特的暗示。

红色是权力、危险和激进之色。留心观察街上的禁行标志和红灯，还有血液和红毯。这种强烈的色调能够提升食欲，令人心跳加速、呼吸加快，引人注意。红色的衣服通常传递出力量、女人味和性欲。

橙色温暖人心，散发着健康向上和勇于改变的气息。橙色通常与秋天的节日相关，例如万圣节、感恩节和丰收季。

橙色是蓝色的对比色，所以你可以看到水中的救生衣是橙色的，需要与天空形成鲜明对比的一些设备也会选择橙色。

黄色能够调动人的多个感官，过量使用可能让人觉得难以招架。除了吸引人的注意力之外，黄色有时还能使人情绪过激。在时尚领域，由于黄色在肤色上看起来有些扎眼，因此往往以小面积呈现。

绿色是自然之色，带来放松和清新之感，让人觉得生机盎然。肥沃的土地和绿灯，都是绿色的。

蓝色是地球上最常见的颜色。碧海蓝天将我们怀抱在宁静的氛围之中。当然蓝色也往往意味着悲伤。蓝色在英文中就有忧郁的意思。

紫色意味着浮华的排场、城府的神秘感，也流露出精致和魅力。紫色在秋冬季节较为常用，若与亮色搭配，则更富现代感。

白色代表纯洁无瑕。它干净、清透，可以和任何颜色搭配。过去，白色衣服曾是尊贵地位的象征，因为只有闲适的生活条件和额外的心力才能让衣服保持亮白如雪。白色能够反射彩色光谱上的所有颜色，在夏天尤其重要。

黑色让人联想到神秘黑暗的势力，寓意着权力和服从。尽管黑色会引发这些负面的联想，它依然是时尚界的宠儿——经典，显瘦，百搭。小黑裙，有人不想要吗？

版型和尺寸：就算你拥有全世界最精致的衣服，一旦不合身，便失之毫厘，谬以千里。我陪凯特去拜访了一位裁缝，教她判断不同类型的衣服是否合身，尤其是长度。如果你穿着一件衣服，却因为担心走光，不敢随便动，那它显然是短了。真正的长短合适，是指不论你弯腰、俯身还是坐下，都不会走光。在试穿衣服时，一定要保证能舒舒服服地坐、立、弯、靠、蹲，毫无顾虑。

　　衣服太紧，就容易在胸、背、大腿、臀部这些区域看到褶皱。当你移动时，衣服不应绑缚、捆扎或牵绊身体。带纽扣、拉链、子母扣、挂钩之类的部位，扣上后应该是平整的。如果一件衣服要使劲拉扯或是撑开才能穿上，那就是紧了。挑选衣服一定要优先满足最宽大的部位，其他地方可以再改。举例来说，如果你的胸很大，那就要首先保证胸部合适；要是手臂太粗，就应该优先考虑这个部位。记住，你永远可以改小衣服，但是不能改大。很多衣服的接缝处只有 1 到 2 英寸的余量，不足以接受大改。

　　如果穿修身的衣服，一定要保证衣服看起来平整。穿自行车运动短裤打底的日子已经过去了，如今已有专门的塑身内衣来满足这个需求。各种剪裁、长短、面料和尺寸应有尽有。不论你是穿深 V 礼服还是系带裙，不论贴身还是宽松，不论满是图案还是略带透视，总有选择的余地。就像我和凯特做的，你应该检视自己的衣服，并列出每套衣服相应的内衣款式。比如，你如果想穿无肩带连衣裙，那就得准备无肩带文胸；要穿缎面礼服裙，就需要无痕内衣。你在买这些内衣时，可以把准备搭配的衣服都带上，确保买到合身的内衣。

衣服尺寸合适、内衣配齐之后，就可以把衣服搭配起来了。在操作时，强烈建议大家采用我最信赖的衣着平衡原则：上身宽松，下面紧身；上身收敛，下身宽松；上半身性感，下半身则尽量保守；下半身妖娆，上半身就保持沉稳。这样就能维持恰到好处的比例和平衡。

配饰：置办好内衣之后，别忘了配饰。如果你能保证入手的服饰经典简约，那么改换风格你唯一需要做的只是改变配饰。这个策略既省时、省钱、省空间，还能确保你一直走在时尚的前沿。

巧用配饰，还是人们在端庄与性感之间保持平衡的好方法。比如，一件端庄的高领毛衣裙，若配上一双渔网袜或过膝长靴，即刻变得妖娆妩媚；而在深 V 领连衣裙里，可以搭配衬衫和珍珠链，也可以选择蕾丝吊带和钻石耳环，瞬间打造两种不同效果。

记住任何修饰必须少而精。一件主打饰品用好了，远胜于把自己挂得像圣诞树一样。诚如香奈儿小姐所言："增加配饰时，永远把最后戴上的那件取下来。"

与其购买很多低俗廉价的饰品，不如把钱用来买一件高档首饰。我曾陪凯特去商店，向她解释什么样的天然材质、镶嵌构造和经典设计可以打造富有质感的装扮。如果你在这方面无从下手，可以翻翻杂志寻找灵感，也可以咨询一下首饰店的销售人员。

性感有度的快手技巧

从简单的事做起：完成容易成功的小目标是建立持久自尊的有效方法。发挥自己的优势助人为乐是提升成就感的最佳路径，而且容易成功。

难度渐增：为自己设计一些轻量级的挑战，比如去上课，或者参加半马。每完成一个目标，就增加难度。尝到成功的甜头会让你寻求更有难度的挑战。

学会欣赏他人的优点：开始关注他人积极的一面。把放在自己身上的注意力转移一些到他人身上，学会欣赏他人及其成就，无疑是需要高自尊的。

放大自己的优点：如果你最喜欢自己的眼睛，那么就涂上烟熏妆，或者贴上假睫毛；如果你最爱自己的美腿，那么就试试超短裙或超短裤。

掌握好暴露的尺度：腿部秀得多，那么上衣就别太短；胸部已经呼之欲出，那么就试试长裤或长裙。

考虑受众和分寸：如果在大学的联谊舞会上穿热裤，恐怕不大合适；而在你男朋友的家庭聚会上穿充气文胸，可能影响也不太好。

希望传递的信号：如果你决定穿网眼上衣，放任胸部争夺存在感、吸引注意力，那么就不要为整晚被人盯着乳沟看大惊小怪。如果你总是穿着臃肿的毛衣连身裙，那么也请不要怪自己无人问津。在抱怨他人之前，请先反思自己。

想要达到的效果：如果你就是冲着被物化去的，那你全身都穿成《海滩游侠》也没关系。如果你想被欣赏，可以尝试玛丽莲·梦露的白色连衣裙和珍珠手镯。如果你想隐藏自己，那就穿上外婆的长袍好了。

细高跟的魔力

到这一阶段，相信你已经能够轻车熟路地巧用衣服和时尚饰品增添女性气息，赢得关注了。尽管并非所有衣服都能获得良性关注，例如超短裤，但还是有一些单品能够恰到好处地凸显女性的气质。在这方面，高跟鞋当仁不让。想要在不抢风头的前提下提升性感度的话，套上一双细高跟吧。

过去，高跟鞋曾背负着负面意义，被视为男性对女性凌虐和控制的工具，就像是古代中国裹小脚的习俗一样——为了提升阴柔美，最终剥夺了女性自由移动的能力。这一含义已经变了。如今，依然有很多人认为高跟鞋是束缚女性的工具。不过，我发现自己穿着高跟鞋比平底鞋更加行动自如，行走、跑跳都不是问题。还有一些人认为高跟鞋让女人失去防御能力。如果有人想抓住我，他也许会发现这双 10 厘米的细高跟是我很好的防身武器。

今时今日，高跟鞋已成为女性力量和性方面的象征。它能够凸显小腿的力量，提升臀部的翘感，突出身体曲线。高跟鞋有效增加了女性的性感。有一种猜测是，女人穿高跟鞋时的体态，与人类女性及其他雌性动物准备交配时的"脊柱前弯"动作极为相似。

高跟鞋除了性暗示，还能提升气场。当你在演讲、见客户和提案时，多一点高度即会增加一分自信。女性的平均身高是 1.62 米。同一个房间里，有人会比身边的人矮一些，有人处于平均水平。但如果多了 10 厘米的高跟鞋加成，你就可以傲视他人，在气场上反客为主。

高跟鞋在听觉和视觉方面都让人印象深刻。Manolo Blahnik 高跟鞋的踢踏声，先声夺人，像是中世纪为女皇开道的号角和旗帜。而高跟鞋给人们留下的视觉刺激也是建立联系的有效方式。"客户你好。上周我们见过了。我是穿豹纹细高跟那个。没错，你肯定记得我！"

合适的高度

纵然高跟鞋有这么多优点，鞋跟仍然体现了对女性的成见。有人觉得，女人的鞋跟高度和私生活的浪荡程度成正比；还有人把高跟鞋称之为"脱衣舞鞋"。那么鞋跟究竟多高才合适呢？

体育心理学家尤里·哈宁的理论可能为我们带来一些启发。他将运动员表现最佳状态时的焦虑值称为"最佳状态焦虑区"[18]。这个值因人而异，即每个人都有自己的"最佳状态焦虑区"。现在，我们套用这个理论来分析鞋跟的高度问题。

每个女人都有一个表现最好时的鞋跟高度。这个高度与她的粗大运动①技能和身高有关，还同她掌控鞋跟的能力有关。要是穿上高跟鞋，步伐不稳，屡屡绊倒，磨出水泡，甚至寸步难行，那么鞋跟的高度显然不适合你。如果穿着平底鞋四处游窜，像霍华德·休斯穿着纸巾盒一样到处拖着走，那么说明这个鞋跟高度也不合适。有人生来就能穿着超高跟鞋行走自如，有人只适合中等高度，还有一些人只适合平底鞋。

鞋跟的高度还需要根据穿着场合进行选择。周围有人穿超高跟鞋吗？是不是只有你一个人穿这么高的高跟鞋？如果你是唯一一位，那么说明这是一份比较保守的工作，不适合超高跟，或者说明你实在太矮。另外，高跟鞋有没有给你的正常活动，比如走路、长时间站立带来障碍？有没有限制你正常的身体移动？有没有影响你敲定下一个客户、被他人严肃对待？

关于鞋跟高度，还可以多参考他人的态度。有没有人盯

---

① 译者注："粗大运动"是相对于手部的"精细动作"而言的。人们常说"三翻、六坐、七滚、八爬、周会走"，这句老话对什么是粗大运动以及粗大运动的发展规律做了简单阐述。会走之后还要有攀爬立体架子的训练，这也对未来的行为有很大影响。因为爬的时候是右手和左脚协调，左手和右脚协调，那么将来走路、跑步、投掷、跳舞等等全都是交叉协调的，所以会走之后还可以在梯架上进行更高难度的攀爬训练，然后他还会跑，在两岁的时候学会双脚跳，在两岁半的时候还学会跨越身体中线，这些全部都是粗大运动。

着你？有没有人称赞你？有没有同事旁敲侧击地提起你的鞋子，但没有表扬？比如，"我就知道大厅里的人是你，八百米之外就能听到鞋子的声音了"或者"这双鞋不好走路吧"。

除了鞋跟高度以外，鞋子整体还要保持平衡。如果鞋跟特别高的话，那么鞋的材质和款式应该尽量简约，并配以长裙；如果鞋子的印花很狂野，那么全身的风格应该尽量保守。如果衣服的风格已经很抢眼，那么鞋跟就选矮一些的；如果鞋跟矮的话，那么可以选择比较夸张的印花或者形状。时刻记得，高跟鞋是锦上添花之物，只是一个配饰，应该为全身加分，不应喧宾夺主。高跟鞋穿着得体，将成为你女性魅力的点睛之笔。

穿上超高跟鞋或是露背装，是为了更加绚烂夺目，提升自己的体态，赢得他人善意的关注。如果这种渴望导致我们衣不得体，传达出扭曲的信息，成为讨他人欢心的附庸，就会变得病态。内在的美比任何东西都要性感——这是迷你裙、比基尼永远展现不了的。

第六章
时光之旅

致穿着不符合年龄的错乱派

害怕衰老

一直以来，对衰老的恐惧都影响着人们消费习惯的养成。从整形手术到祛皱霜，从青少年走秀到童星上杂志，对童颜永驻和延缓衰老的渴望无处不在。

对死亡根深蒂固的恐惧驱动着求生的本能，或许也间接刺激了对衰老的恐慌。如果人类在脸上看不到岁月的痕迹，也就感受不到时间的力量，察觉不到自己身体的缓慢瓦解。除此之外，衰老还意味着身体机能退化、疼痛增加、老无所依地踏上天堂之路。听起来确实让人难过！但是当 20 多岁的人开始注射肉毒杆菌来抗皱，50 多岁的人开始做臀部假体垫高来缓解下垂，我们不禁疑问，这样的恐慌有必要吗？健康吗？

恐惧症，是指对某种刺激强烈且非理性的害怕，并伴有非理性的逃避——关键词在于非理性。今时今日，人们对皱纹、白发、老年斑、脱发和静脉曲张的过度逃避，也几乎达到恐惧症的程度。不论在网络、电视还是杂志上，只要搜索关于美丽、时尚和健康的内容，以减肥和抗衰老为主题的文章铺天盖地。人们被"老即是失去吸引力"的观念疯狂洗脑，坚信此道，并以真金白银来抵抗衰老。

作为女人，我们对自己身体即将经历的变化了如指掌，但在"皱纹深浅""脂肪薄厚"和"皮肤松紧"等说辞的笼罩下，对身体的关注更多是围绕外表美丑，而非机能和健康。如今，关于如何缓解衰老的攻略泛滥成灾，似乎每个人都成了抗衰达人。

女人通常把衰老视作美丽的逝去。从进化论的角度来看，女人在适龄生育期，确实最为动人。男人如果认为一个女人是合适的伴侣，可以共同生儿育女，那么便会认为这个女人颇具魅力，并与之交配。而对于过了生育年龄的女人，男人很容易失去性趣，转而追求更为年轻的女孩。

幸运的是，女性的魅力远不止于生育能力，但随着年龄渐长，它与青春活力、生育能力和美貌之间的联系却也始终困扰着我们。我们可能谎报年龄，或者干脆缄默不言。也只有那些拒绝承认自己动过刀打过针的明星、模特和名媛，才会骄傲地吹嘘自己的年龄。她们一边这么做，一边假惺惺地谴责公众对自然衰老心存抗拒，并好心传授私藏瑜伽、多种维生素和防晒霜的秘籍，真的很难不让人反感！这些女人就像刚从杜莎夫人蜡像馆跑出来的一样，真是站着说话不腰疼！

很多女人相信，失去娇好的面容，自己就丧失了存在的意义和价值。影视圈生动演绎了这一规律——不管曾经多么红极一时的尤物，几年之后，都会被新面孔替代，而男明星的境遇则大相径庭。过了吃青春饭的年龄之后，他们依然能悠然自得地继续出演主角，和豆蔻年华的女演员搭戏，展现自己的性魅力。到底意难平的昔日红颜，则投身整形、减肥、风格转型的怀抱，企图夺回城池。尽管这些尝试可能招致诟病，但如果坐以待毙，一样在劫难逃——公众还举着自暴自弃的帽子等着扣在她们头上呢。

优雅地老去是一个十分复杂的过程，需要内在和外在两个层面的共同转变。如果多年来，你的穿衣风格一成不变，举手投降缩进老气横秋的衣服，或是死皮赖脸紧抓青春不放，那么本章内容正是为你量身打造的。你将学习识别不符合年龄的穿着，审视这些行为的深层原因，并学到一些改进的小技巧。

符合年龄的穿着

打造完美造型涉及许多元素——尺寸、长短、颜色、饰品、场合和功能。所以穿对衣服，可并不是件容易的事。除此之外，年龄也会跑来添乱，影响着人们的衣着选择——淘汰哪些？保留哪些？添置哪些？

正视年龄和衰老的过程是痛苦的，但如果刻意回避，则会对形象造成负面影响。无视年龄，通常会导致以下三个着装问题：（1）多年来从不改变自己的外表和穿着，游走于时尚和潮流之外；（2）穿得比实际年龄还老，考虑到我们都会老去，任他们按性子来也没什么不好；（3）刻意扮嫩，适得其反。

容颜永驻的唯一方法是让自己陷入重返青春的错觉之中。如果外表过时，那别人则会认为你在其他方面也已被时代抛弃。如果认命地把自己打扮得比实际年龄年长，以试图控制不可掌控的事情，这是在用拒绝承认现状的方式逃避年龄的真正考验——即迅速跳过这一阶段，过早地放弃能够优雅老去的可能性。而如果想借装嫩来掩盖自己的真实年龄，反而会欲盖弥彰。当一个人的外表与其气质不符的时候，人们第一眼就会看到这种不协调。

年龄和衣着匹配程度检查清单

一成不变

☐ 老照片里的发型是不是和现在一样？衣服是不是一样？
妆容是不是一样？

☐ 有没有什么衣服是五年甚至十年以上的？

☐ 衣柜里的新东西是不是很少？

☐ 衣柜里五年甚至十年以上的老物件儿是不是很多？

☐ 有没有什么衣服在时尚界至少循环了一次？

☐ 有没有其他年代风格的衣服？比如 20 世纪 60、70、80
甚至 90 年代风的？

☐ 亲朋好友有没有建议你换个形象？

☐ 尝试新形象是不是让你感觉不舒服？

☐ 你是不是对塑造新形象毫无头绪？

☐ 你是否十分抗拒时下流行的穿着风格？

☐ 你是否担心一旦改变形象，就会出丑？

如果你的答案多数是肯定的，那你的装扮大概已经多年未变了。是时候找到原因，告别过气的自己，放下心结，重新出发了。

倚小卖老

☐ 你是否穿得不像同龄人？

☐ 你的穿着打扮是不是与母亲甚至外婆一辈更相似？

☐ 你是否会在商场的中老年妇女区买衣服？

☐ 是不是经常有人以为你比实际年龄更大？

☐ 你是不是担心穿同龄人的衣服会不好看？

☐ 你是不是已经放弃尝试优雅地老去？

☐ 你是不是认为，既然无法抵抗衰老，那又何必为形象耗费精力？

☐ 寻找符合自己年龄的衣服对你来说是不是一件纠结的事？

☐ 有没有亲友建议你换个造型？

☐ 你是否经常拒绝他人的穿着建议？

☐ 你是否曾想换个造型，却害怕失败？

☐ 你是否想过改变，却不知道从哪儿开始？

　　如果大多数答案是肯定的，那么你是在主动服老。你需要发掘原因，从而拨动时针，回到当下。

刻意装嫩

☐ 你是否与同龄人穿得不同？

☐ 你是不是经常穿年轻一辈的衣服？

☐ 你是否会在商场里的青春时尚区购物，或者模仿那种风格？

☐ 你是不是一个紧跟潮流的人？

☐ 你是否害怕自己看上去像个"大姐"或"大妈"？

☐ 你是否刻意避免透露自己的年龄？

☐ 你是否会谎报自己的年龄？

☐ 你是否觉得过生日很压抑？

☐ 你是否会用抗衰老产品？

☐ 你是否会为了抗衰老而采取一些极端的手段？

☐ 你是否把大多数收入都花在抗衰老上？

　　如果大多数答案是肯定的，那你多半是在刻意装嫩。你应该学会接受自己的年龄，打造既时尚又符合你年龄段的穿衣风格。

时光囚徒

破烂的牛仔喇叭裤、紧身的涤纶印花衬衫，以及胸毛丛中的一块大奖章——布拉德只缺一颗迪斯科球，就可以回到过去了。自 30 岁起，不论是衣柜，还是福特 Pinto 轿车，布拉德就没怎么变过。这一晃又过了 40 年——他还做着第一份工作，依然单身，鲜有约会，住在他母亲去世后留下的房子里。

在布拉德快要退休的时候，他来找我寻求帮助。最初几次干预，没有带来任何进展——衣着风格仍然毫无改变。我打算先退一步，引导他理解改变的意义。一般来说，若客户在心理咨询过程中抗拒干预的话，另辟蹊径可能会带来更直接的效果。举例来说，相比于直接为他安排相亲，或者让他穿尺寸更小的衣服，我得带着布拉德先从讨论"改变"这个概念入手，探讨改变到底是什么，他生命中经历过哪些重大改变，如何理解改变的正反两面效应。正是这样的分析，让我揭开了布拉德抗拒改变的原因，并找到了适合他的解决方案。

布拉德在童年时经历了人生第一次，也是最重大的一次变故——父亲突然过世。自此之后，凡是母亲无法独立担负的事情，布拉德都得亲自上阵。所以，他的人生经不起任何风浪。不论是换工作、追女孩，还是买房，都成了无法承受之重。普通人成长中总会有的高峰和低谷，在他的世界里再也没有出现过。他的漫漫人生路，自父亲离开的那天起，好似进入了自动巡航模式，不转弯，不绕路，没有减速带和路障——只是机械地保持直行，从来没有抬头看看周围变幻的风景。

事实上，布拉德有意愿改变，但他发现很难将想法付诸实践。其实对他来说最简单易行的改变方式，就是衣橱改造。对此，布拉德最大的顾虑就是担心别人把他看成是一个油腻的糟老头。时至今日，他还因为无从下手而一直保持着自己20世纪70年代的穿衣风格。

如何应对这种对衣橱改造的恐惧呢？先引进那些历久弥新的经典款式——白衬衫、袖扣衬衫、羊绒衫、风衣、修身裤、棉 T 恤和质感牛仔裤。至少这些经典款能够替换掉布拉德《周末夜狂热》①的装扮，先安全过渡。接着，我们把这种安全且不受时间影响的方法推广到他生活的其他方面，让他去尝试些新鲜的事情：约会、交友、换工作、换住所，甚至还告别他留了几十年的"一边倒"遮秃发型。这些新鲜感层层推进，滋润着他的新生活，而这一过程所借用的方法，也是熟悉的、保守的、舒适的。

尽管布拉德扔掉了衣橱里大多数过时的衣服，他还是特意留了一件——丝绒的印花连体裤，为了一年一度的万圣节！

---

① 译者注：派拉蒙电影公司于 1977 年发行的一部音乐片。该片由约翰·贝德汉（John Badham）指导，约翰·特拉沃尔塔（John Travolta）与凯伦·琳恩·葛妮（Karen Lynn Gorney）担纲主演。

拯救你心中的"布拉德"

社会再适应评价量表[19] 是心理学界测量生活中压力源的工具。这个量表提供生活中各项事件所致压力的量化数值，从丧偶到度假，全面覆盖。量表里所罗列的事件都是生活中的改变。这些改变，不论好坏，都不可避免地给生活带来新的压力因子。健康地应对压力，则需要调整、学习、评估和灵活处理。

变化，尤其是穿衣打扮的变化，不仅会让人感到压力，还会引发困惑。我们不禁困惑：我怎么知道是时候改变风格了？我怎么知道自己是否已经落伍了？我怎样才能塑造风格，而不仅是追逐潮流？我怎样能既走在时尚前沿，又保有和自己的年龄、生活方式协调一致的风格？你可以通过下面三个步骤找到答案。

识别：你是否像布拉德一样，没有别人提醒或者强迫，就永远意识不到自己需要改变？判断自己的打扮风格是否陷入停滞的一个准则，就是观察衣橱的构成是否已五年未变。就算 T 台上的时尚风潮瞬息万变，色彩、版型、长短、配饰看似能流行几年，但还是会有过时的那一天，更别提你的衣橱存货了。

盘点：每次换季，你都应该审视自己的存货，决定哪些该留下、哪些该扔掉。经典款，像布拉德投资的那些，基本可以保留。此外，如果你想保持自己衣服的基本结构，也可以在自己舒服的范围内，玩一些小花样。举例来说，虽然白色衬衫不会过时，但是版型长短、扣子位置、领口大小却会发生变化。又如今年你喜欢法式袖口的长版修身衬衫，明年还可以尝试七分袖的男友风款式。

三思后行： 如果你依然无法下定决心做出改变，那就想一想，为什么会对那些过时的衣服无法放手？你或许只是喜欢那件 80 年代迷你裙的亮红色罢了；另一条 50 年代的莲蓬裙，吸引你的是它的刺绣细节。弄清楚这些锚点，你就可以照着心仪的细节添置新衣了——可以是亮红色漆皮鞋，也可以是刺绣 T 恤。留心自己的搭配规律：如果你喜欢夹克配短裙，但却停留在 90 年代，这时候，只要更换款式、面料和颜色，就可以继续延续往日的风格，又不用担心被时代甩在后面。

倚小卖老

　　只看金妮的穿着，不会有人能猜到她只有 30 多岁。挂在瘦削骨架上的涤纶长裤被五颜六色的大码针织衫衬托得更加细瘦，大而无当的 20 世纪 80 年代宽肩西装套装把她压得喘不过气。西装是亮眼的三原色，好像在唱着《冬天里的一把火》。

　　金妮认为自己比较显老，索性打扮得老气一些。此类穿衣灾难背后往往掩藏着深层次的原因。她一天到晚念叨"皮肤松弛了""白头发又多了""疲惫不堪",不仅使自己的内心产生了错误的感知,而且对一个 35 岁的女性应该是什么状态,误会颇深。

金妮觉得,在自己现在这个年龄,本该过着相夫教子的美满生活,买下理想的房屋,做着光鲜的工作。如今,她对自己的命运只剩下不满。我向她保证,这种感受在她这个年龄段非常普遍,不管是男人还是女人。很多人要不就像金妮一样,觉得自己已被主流的生活抛弃,要不就觉得自己正被困在平凡生活中。这两种想法都会令人不满,因为理想的生活本应是平衡而自足的。

金妮没有丈夫和孩子。这样的好处是有自己的时间出门旅游、参加讲座、呼朋唤友、自得其乐;而坏处则是结婚生子、更换工作的最佳时机很快会过去,使她心生恐惧。金妮的衣橱也生动体现了"人生最好的年华已经过去,徒剩记忆"。为了逆转这一局面,金妮需要直面自己内心的恐惧,制定行动计划,打造新的穿搭装备。

治愈你内心的"金妮"

就像我和金妮做的,我们应该把镜头拉远,以一生的时间轴来看待现在的年龄,那么我们需要经历的日子还很长。你可以阅读那些大器晚成的人物传记来激励自己。摩西奶奶

70 岁才开始画画，贝蒂·怀特主持《周六夜现场》时，已年过八旬。

我当时问了金妮三个问题。你现在也可以试着问问自己：（1）如果不考虑年龄，你想做什么？（2）假如你现在一百岁，你希望自己此前走过怎样的人生？（3）你希望如何向祖孙们讲述你的人生故事？

摆脱年龄的困扰和束缚来思考这些问题，你反而会发现，答案会给人即刻起身行动的力量。金妮回答说，如果回望自己的人生，她希望当年多约会，少焦虑，多看世界，回到校园，开始写书。结果呢？她已经开始行动了！

下一步，是制定行动计划，画出时间轴，要具体到在哪一天完成哪些目标。金妮将她宏伟的目标拆解成一项项日常任务，并记录在日历上。

最后是重整衣橱。人生苦短，完全没有必要催熟，所以你到底为什么要穿得比实际年龄老呢？在许多"变形计"真人秀里，主角最开始总是穿得很老气，好像有一个"紧箍咒"将他困在无形的囹圄；而在变身之后，他们全都变得更加轻盈明快，富有青春朝气了。这种转变虽然始于外在，却能填补内心的缺口。

穿着打扮，应该在追求人生目标的路上助你一臂之力。你需要为每一个小目标搭配一身演出服。金妮的愿望是结婚、生子、找工作。为此我们一起逛街，锁定了新潮又合身的基本款，从内衣开始做出改变。我还让她慢慢适应，尝试那些色调饱和度更高的衣服。如此一来，她整个人都被点亮了，回头率猛增。

俗话说得好，过程比结果更重要。不必在乎目的地，在乎的应是沿途的风景。不管金妮最后有没有结婚或者出书，至少，她在努力。

案例研究

弗朗西斯的故事
——学会根据年龄打扮，她才真正长大

我和弗朗西斯的初次碰面颇为戏剧化。那天，我刚进星巴克的大门就注意到她，心想，这位女士需要调整她的穿着了。第二个念头是，这个40多岁的女人到底以为自己多大啊？当然，我不可能径直走上去，对这位陌生人说："求求你让我帮你改变造型吧。"于是，我继续坐在朋友旁边，喝着我的摩卡星冰乐。

当时，我正向朋友介绍身心革新心理咨询业务，没想到这桩时尚心理咨询的生意自己送上门来。弗朗西斯主动凑过来，自我介绍了一番。她一只手腕上戴着几个动物形状的霓虹色果冻手镯，身上穿着亮粉色的毛巾布连体衣，背后是水钻嵌成的"少女力"字样。脚上的人字拖也是艳粉色，缀满小装饰。可以判断，她要么与衰老斗得不亦乐乎，要么对"着装要符合年龄"的原则一无所知。

"你好，我刚才无意间听说，你在提供着装方面的心理咨询？可以把你的电子邮箱给我吗？我最近正在反省自己的衣着问题，不知道是否能邀你来帮忙？"

她好像会读心术，觉察到自己确实需要帮助——她的内外是如此的不协调。我们互留了联系方式，敲定见面时间。在我的办公室，我们可以很快找到她的核心问题。

到了约定的那一天，大老远我就听见了她那双皮毛一体的厚木底高跟鞋的踢踏声。在褶边的格子迷你裙、修身羊毛开衫、印花紧身裤和又一次现身的果冻手镯下，身体喷雾和唇彩的甜腻气息才被稍稍掩盖。她蜷在我的诊疗椅上，袒露心声。

"我全身每个细胞都在和衰老作战！肉毒杆菌、激光、针灸，只要你知道的，我全都做过！"从西部贝弗利山的整容手术到东部佛蒙特州的古法偏方，弗朗西斯能够非常细致地再现那些抗衰老的手段。她对于逆龄生长的执着并不止于这些手术，已经渗入到她生活的方方面面，衣橱也不例外。

"我知道我已经不年轻了，但我心态很年轻。之前，我希望自己的衣品既能符合实际年龄，又不显得老气横秋，但总是掌握不好。后来，我干脆就穿年轻人的衣服，不过总觉得有什么地方不对劲。"

"你最近一般都以谁的穿衣风格作为参考？"

"我女儿。我发现，模仿她的穿着是保持朝气和跟上时代的最佳选择。她今年 17 岁。天呐，我都没意识到她居然已经 17 岁了。"

这句话暴露了更深层次问题，相比于抓住自己的青春，弗朗西斯更想要抓住她女儿的青春。她继续兴奋地述说着自己之前同女儿一起逛街、共享衣服是多么开心。现在女儿快要上大学了，自己肯定会很不习惯，很舍不得。

"你真是三句话不离女儿。你们的关系肯定很好吧？"

"当然。我们是彼此最好的朋友。"

得到弗朗西斯的允许之后，我们开始动工，从衣橱下手，一起把衣服都扔到沙发上。第一步是判断哪些衣服能穿，哪些不能，并阐明每个决定的原因。第二步是分析，在抗衰老的努力中，具体哪个环节出了问题。

"好的，弗朗西斯。现在把衣服分成两堆：一堆是你女儿会穿的，一堆是她不穿的。"

"等下，你搞错了吧？应该是问我穿不穿吧？"

"没搞错，我说的就是你女儿。"如果真让她区分自己的衣服，肯定会费时又费力，这样对弗朗西斯来说会更为简单。很快，她选出了三分之二的衣服，是她女儿会穿的。剩下那一部分，实在是，我外婆可能都不屑一顾。

"这两堆衣服，就像来自两个星球，一堆年轻，一堆老土。"

"同意。好看的是真好看，丑的是真丑！我明白了，这真是太可怕了！"

接下来，我引申到下一问题。"这两堆衣服里面，你觉得你应该穿哪一堆？"

"这个问题才是最难的。我真的不知道。一想到要从这两堆里挑出适合我穿的，我就头疼。"

"恕我直言，这两种衣服都不适合你。你应该选择另外一类，是你之前没考虑过的。而我们现在的任务，就是帮你找到那个新的类别。"

我们把寻找新类别的任务安排在第二天。现在要做的，就是盘点衣服，把洗不干净的、穿坏的和不合身的筛掉。在这一阶段，策略不宜太过激进，否则会把她推入恐慌之中，让她又缩回 Forever 21[①]！

治疗

第二天，我又去了弗朗西斯家，并询问她，那两堆年龄差距颇大的衣服，她一般如何抉择以平衡这种割裂的风格。

"如果去上班或参加正式活动时，就会穿这些'严肃'的；除此之外，就选择那些花哨的款式，让自己显得青春嬉皮。"

我们正是要在严肃和花哨之间找到一个平衡点。我盘点

———————————

① 译者注：总部位于加利福尼亚州洛杉矶的美国快时尚零售商，以其时尚的产品和低廉的价格而闻名。

了她的每件衣服，列出一张可以替换掉过时款式的清单。

淘汰	尝试
带领带的宽大丝质衬衫	带法式袖扣的衬衫
羊毛百褶长裙	齐膝的直筒百褶裙
臃肿的高领毛衣	柔软的开衫和披肩

　　我们将设法用清新别致的单品替换掉弗朗西斯那些"严肃"的装扮。但即使大多数衣服都应该放到火箭上送回她女儿的房间，弗朗西斯还是想要留下它们。

　　我问她，如果淘汰这些衣服会怎样？

　　这个问题问到了关键。"如果淘汰了这些衣服，就放弃了同女儿的心灵纽带，也会彻底告别我的少女时代。"弗朗西斯说："我害怕失去这些牵绊，我就是且只是一位老母亲了。"

　　为了维系同女儿的心灵纽带，弗朗西斯费尽心血。她觉得自己必须足够青春，才能拥有与女儿互称姐妹的资格。她向我坦白，为了女儿，她学习网络流行语、年轻人的穿衣方式，关注佩雷斯·希尔顿的八卦。这些做法，似乎一直是她与女儿保持亲密的不二法则。

　　但是弗朗西斯忽略了一巨大的问题。当女儿需要管教的时候，已经不把她当回事了。她一次又一次地在规矩和制度上妥协，下意识擅自决定了自己可以是"最好的朋友"，而丈夫则应该做"刻薄的父母"。

既然决心做活力辣妈，那穿着打扮也得跟上。但是最开始单纯保持活力外表的初衷，从弗朗西斯放弃母亲的角色转而做起女儿的闺蜜开始，已经面目全非。在养育和管教孩子方面，我唯一的意见就是，父母先做好家长比先做好朋友有用多了。

家庭关系是要有序列的，孩子在下一层，父母或者监护人才能掌控全局。当序列结构正确时，孩子只需履行孩子的本分，例如努力学习、礼貌待人等。如果家长也像孩子那样的话，一个家就失去了舵手，孩子会缺乏安全感，甚至产生自己需要承担起长辈的责任的错觉。当孩子十分清楚家里谁说了算、期望在哪里、游戏的规则、犯错的后果时，孩子才能安心扮演好自己的角色，茁壮成长。

弗朗西斯应该将自己的内在和外在都视作一个成年人。她必须学会把自己视作一个负责的家长，在维持辣妈形象的同时，绝不沉溺于少女的青春幻想。我给她布置的第一个任务，就是让她建立起自己已经 48 岁的观念，为女儿列出明确的行为准则。

"弗朗西斯，你和你女儿都应该长大了。我希望你列出清单，告知女儿，哪些是不礼貌、不妥当、不被允许的行为，之后据此阐明这些行为的相应后果。"

她拿着告示贴坐着想了一会儿，开始动笔。这份清单内容十分丰富。之后我们调整了具体惩罚措施，并给她布置了本周的任务——和女儿一起坐下来，正式告知她，妈妈新官上任三把火，将推出新规，并且严格执行。一开始，弗朗西斯很抗拒，后来我指导她交替使用胡萝卜和大棒取得平衡。这一次，她不仅推行了新规，还特地安排了母女谈心的亲子时间。

一周以后，我去回访，看她有没有扮演好成熟母亲的角色。弗朗西斯告诉我一切进行得出乎意料的好。最开始女儿确实对新规有过震惊和反抗，但后来，转变愈发顺利。老公也对她的角色转变喜出望外。

"你不需要用少女的行为来和女儿建立良好的关系。你想充满朝气，并不一定非要穿得幼稚。那次练习是为了教你具体操作方法。母亲的身份，并不意味着只能穿'大妈牛仔裤'。做一个年龄渐长的成年人，也并没有那么可怕。好了，现在我们可以回归主题了。"

重新定位

我又一次让她挑选出女儿会穿的衣服，穿上去照镜子。让我出乎意料的是，这招对她不大管用。于是我把她的这些打扮一一拍了下来。有的时候，借助客观视角观察自己，你会看到自己真正的样子。很多人可能都有体会，穿上一套自以为是世界上最时尚的衣服，两周之后可能被人挂到网上当作穿搭的反面教材，你自己都不忍直视。

拍下这些照片，是要让弗朗西斯能以一个旁观者的视角来审视自己：这些衣服并没有让这位 48 岁的女人显得年轻时尚。当她直视这些照片，她会意识到自己更像穿着一套高中校园剧的戏服在晃荡。弗朗西斯知道，虽然自己并不想看上去老气横秋，但看起来像个高中生，也不是她想要的效果。

模仿

凭空想象出一个"理想形象"并不容易，因此可以试着设定模仿对象。搜寻一下，在年龄相仿的女人里面，你最欣赏谁的打扮？那些充满活力又精致的公众人物是否能打动你？你最想模仿谁的风格？

经过头脑风暴，我们列出一串名字：奥普拉·温弗瑞、希拉里·克林顿、那奎尔·韦尔奇、劳拉·布什、玛雅·安杰卢。最后我们的选择是杰米·李·柯蒂斯，一个全身心接纳自己的年龄、家庭、身材和自我的女人。她健康成熟，是弗朗西斯的榜样。此后，从穿什么到如何处理女儿的问题，每当弗朗西斯不确定该如何做时，都会问自己：如果是杰米会怎么做？得到答案之后，她并不会盲目照做，而是会考虑那个决定是否真正适合自己。这个方法帮助弗朗西斯变得越来越自信，问题也演变成"在这种情况下，弗朗西斯会怎么做"。

画龙点睛的最后一计，就是为弗朗西斯积攒外在资本了——衣服、饰品、发型、妆容和谈吐，都要更加知性成熟。通过盘点自己的衣服，扔掉穿破的和洗不干净的，过滤掉"大妈装"，弗朗西斯已经意识到之前的少女装扮有多么滑稽了，她已经迫不及待要完成这场迟到的"成人礼"。我把她曾经认为显年轻显时髦的衣服选出来，教她如何搭配成年人的版本。

不符合年龄的	符合年龄的
亮粉色天鹅绒运动套装	羊绒系列
破洞牛仔裤搭配花背心	齐膝闪片紧身连衣裙搭配鱼嘴厚底细高跟鞋
露肩包臀上衣和打底裤，搭配 UGG 靴子	紧身牛仔裤、马靴和裹身开衫

此外，弗朗西斯化妆时不再使用高光和亮片，而改为哑光雾面。我还扔掉了她绑头发的橡皮筋，换上了富有质感的丝滑发带。

弗朗西斯的成人之路一开始跌跌撞撞，后来越走越顺。当她真正找到了成年人的自信后，就对装嫩失去了兴趣，开始专注于优雅地变老。她已不再是女儿的好闺蜜，却成为让女儿骄傲的好榜样。现在她站在镜子面前，看到的不是那个用力过猛的模仿者，而是一个成熟的自己。

拯救你心中的"弗朗西斯"

毫无疑问，人们装嫩是因为担心，更准确地说，是因为恐惧老去、死亡、消逝。但是，没有人能抓住时间的沙子。你攥得越紧，它溜得越快。

如何判断一件衣服是不是适合自己的年龄呢？以下是一些速记指南：

• 如果这件衣服是你女儿的，就放弃吧。

• 如果这件衣服很久以前就流行过一次，现在又出现了，还是别穿了。[①]

不要因为童装尺寸合适就觉得它适合你。

别再穿你女儿的衣服，别再穿二次流行的衣服，别再去商场的青春时尚区浪费时间，避开初级部分，这似乎只涉及你的外表，但这些规则也有一个重要的内在组成部分。如果你总是穿着与年龄不符的衣服，需要反思一下为什么。难道仅仅是想让自己看起来乖巧或性感吗？应该不止这些吧。真正的原因也许是：

• 如果我不这么穿，就不会获得关注。

• 我很害怕别人以为我年龄大。

• 我怕别人觉得我落伍。

• 我很困惑，不知道怎样穿才能既符合年龄，又不显得老土。

---

① 译者注：作者个人观点，仅供参考。

发育停滞

人们之所以装嫩，可能是想人为地延缓衰老，也有可能是卡在了之前的某个时间段。你是不是觉得自己只要一直在青春时尚区买衣服，就能永葆青春？太荒谬了！有昔日问题尚未解决的人，往往会待在过去，妄图能纠正错误。也许，一个女孩因为在高中时期打扮落伍而遭到大家嘲笑，成年之后，她就长期按照"高中女神"的审美标准来打扮自己。相反，如果一个名媛已成为明日黄花，风光不再，她也会刻意忘却时间的流逝，执着于黄金时期的穿着习惯。

如果你发现自己的衣服和年龄不相符，"发育停滞"或许是一种解释。你是不是一直受困于人生某段时期？如果是，那是你最想抹去的一段暗淡光景，还是你始终不愿放手的风华正茂？

翻出昔日的照片和过往的信件，让自己重回当年，再一次置身于当时的情景，来回答上面的问题。你可以运用心理学中"格式塔疗法"的"空椅子"技巧，来寻找问题的根源。在治疗中，我一般让患者回忆某个爱过的人、失联的朋友或者无疾而终的人，同他们对话，想象对方会如何回应，相互"提问"和"回答"。空椅子扮演过去的你，帮你想象过去的自己坐在那里，你可能要告诉那个因被嘲笑而独自伤心的小女孩，发生那样的事情你非常抱歉；你很心疼她，现在她长大了，有能力应对了，可以放过曾经的自己，继续前行。

为摆脱发育停滞，我们既要勇敢地跨过昔日的失去，也要珍惜那段体验。彻底割裂某些过去并不容易，就像是杀死了自己身体的一部分。先要好好纪念，才能再大步向前——即使放手那段过去，今天的我们依旧完整。

轮到你了

衣服的能量

人们常说穿着老气。这个"老"字，是指某个年龄吗？我周围就有许多女人年龄虽"老"，但依旧十分别致。第一个浮现在我脑海中的是我的外婆。她已经 90 岁了，还总穿一件七分袖的豹纹伞形风衣，戴着那顶黑色贝雷帽。

人们所说的"老"，并非是恼人的岁数。在现代文化里，"老"通常是指落伍和失去魅力。当我们说一个人"老"时，多半是在说她老土、难看或不够赏心悦目。穿着"老气"的人，通常不在乎自己的形象，也对其他人的穿着不感兴趣，她已经完全放弃了。

穿衣打扮能流露出自己内在的活力。如果你不希望别人觉得你老气，就不要过多考虑年龄的因素，仅评估衣着所传递的能量。怎么做呢？你只需问自己：穿这些衣服的时候心情好不好？会不会被人赞美？是否能够让你状态更好、表现更好？是否让你觉得自己富有魅力？总之，你的穿着所携带的正能量越多，你看起来就越有活力越是青春动人。

接纳当下自己的快手技巧

认识自己。定期盘点衣柜，是保持清醒认知、重新发现自我的有效方法。不过遗憾的是，大多数人在盘点时，只关注衣服，而忘了这也是个自我发现的好机会。

就像清理衣橱一样，对自己查漏补缺，也是个人评估的重要环节。你可以借此机会戒掉一些不好的习惯，比如抽烟和不健康的恋爱。这是拥有理想生活的必要前提。

接纳当下的自己，不仅能让你穿衣更得体，也会让整个人变得更好。举例来说，不管你多渴望，你可能就不适合穿驼色；不管你多渴望，你都没有当职业相扑手的天分；不管你多渴望，你已无法返老还童。所以，你要学会接纳当下的、最真实的自己。

明确目标。有了伸展的空间，生活才会多姿多彩。对更美好生活的憧憬，是大多数人的原动力。添置一些能让你更大放异彩的衣服，可以给生活增色。然而，美好的愿景不应止步于衣着。既然对自己有了正确的认识，就继续构思计划，想想如何实现目标，并将它写下来。

追寻理想，是保持青春活力的良药。生命在人失去生活目标时终结，与年龄无关。值得去看、去做的事情很多！你想成为什么样的人呢？

接受自己的处境。没错，你有紧跟潮流的想法，你有计划实现的目标和梦想，你树立了可以模仿的榜样——但是，只有在热爱眼前的自己的前提下，这些努力才是健康的。如果你无法接纳、热爱自己，总想成为别人，最终所有的努力都会竹篮打水一场空。即使你能够完成内外的转变，这些转变的立足点也是不健康的，根基是不稳固的，新的你也终将崩溃。

只有接纳自己，接受现状，才能有意识地向更好的生活迈进。因为，这样提升自我的根基是扎实的，因为自爱，你愿意抓牢机会，让那个已经很棒的自己再上一层楼。

即使你已经是个优秀的歌手，你也会寻找更多培训的机会，掌握发声技巧，与同行切磋，在公开场合表演。即使你的衣品已经很出众，你也会琢磨最新的时尚风格，突破自我，闯入先锋主义的圈子。

制定计划。要认识自己，必须先接纳自己。知道自己要成为什么，这个时候就可以制定计划并付诸行动了。没有计划的人生，就像不带地图上路。知道通往目标的路线很重要，否则你可能会错过它。

制定计划后，一定要坚持。沿途你可以见机行事，但是基本的框架必不可少。高质量的框架能够适用于各个领域。它能帮你打造完美的衣橱，帮你找到梦寐以求的工作，还可帮你遇见一生的知己。

俗话说，心有多大，舞台就有多大。随意翻开一本传记，你会发现，不论是科学家、运动员、政治家还是表演者，几乎每个人都有梦想。有了梦想之后的第二步，需要采取行动。梦想是一扇大门，而行动则是每一块砖，铺砌成通往大门的路。

表里如一。如果你自知自爱，但外表依然邋遢怎么办？如果你已有作战计划，却没时间穿成成功人士的样子，又如何是好？参加过表演课、登台表演过、观察过演技派演员的人都应该知道，想要走进一个角色，你得先要乔装打扮成角色的样子，这样观众才会更快地把你和角色对号入座。

你的戏服就是你的"外表"。它既要反映真实的你，又要体现你的期望和目标。如果你希望男人视你如宝，那请先珍爱自己。花点时间和精力，用心梳妆打扮。如果想找份体面的工作，就请先穿成拥有体面工作的样子。请把运动裤搁置在一边。就算是在家工作，也请穿上好看的裙子。相信我，它们穿上去也一样舒服。如果想退休后去佛罗里达定居，那么现在就请扔掉那些黑色、灰色的泳衣热裤，尽早地适应白色、粉色、米色、橘色和蓝色的款式。你的打扮要对得起你的自我接受和自我喜爱，还要推动你飞得更高。

保持新鲜感

引导自我。打造一个时尚优质衣柜的前提，是了解当下的自己。请不要太在意年龄，多考虑一下每天的生活——身材肤色、月度预算以及风格偏好。请大胆扔掉任何不符合这些标准的衣服。只要你不打算再穿，只要你穿的时候心情不好，只要你穿的时候不自信，一个字——扔！

时常更新心头好。每个人的衣橱里都藏着一两件心头好，但有一些已经不再符合现在的年龄了。你会不会穿 20 年前的衣服？你是不是青春服饰店年龄最大的一位顾客？你是不是明明很年轻，却穿得跟外婆差不多？如果答案是肯定的，你的心头好可能出了点问题。

摆脱风格定式。首先要检查清楚，这些至爱来自哪个年代，再找出当下的版本来替代。如果你想保持古典，可以从过去十年的衣服里挑选一件，其余就换成现代的吧。另外，你若想看上去年轻一点，那么就要选择版型贴身短小的款式。柔和明亮的颜色，混合印花，以及有层次感的首饰，都是不错的选择。若想看上去成熟一点，那么请在装饰上做减法，保证衣服剪裁精致，并选用较为中性的颜色。

避免俗套。如果你的一身衣服能完整地代表一个季节、一个年代、一位名人，或者一个系列，那么你的穿着就过于俗套了。这种打扮也许一时行得通，但总会过时。你只需要注意一些横行四季的款式，就能避免这一陷阱——直筒牛仔裤、正式的上衣、风衣、典雅的紧身裙和高跟鞋。尽管这些款式每隔两三年会有些许调整，但是其骨架总是大同小异。

同辈学习。观察周围的人，看看那些同龄人是怎么穿着打扮的？你最欣赏哪种风格？你觉得网络和电视里，谁的打扮最有风骨、最有态度、最合时宜？她们的穿着体现出哪些技巧：平滑简约？彩色多饰？古典还是现代？复古还是新潮？修长松散？贴身鱼尾？设计繁复，装饰简洁？简约干练，重点突出？她们已经帮你省了苦差事，你只需要模仿就好了。

年龄除了能代表你在地球上度过的时间之外，没有其他意义。强行为这个数字赋予太多含义只会浪费时间。它不代表能力、时尚或价值，与重要性、影响力也毫无关系。所以请不要强推着自己变老，也不要紧抓青春不放。总而言之，不要在年龄上画地为牢。

第七章
划清界限

致模糊了事业和生活边界的工作狂

我们的"工作履历"可不是从工作第一天才开始计算的。如今职场竞争的压力，从幼年智力测试就初见端倪。到学会走路的时候，眼前的路往往已经铺好。幼儿园考试全面涵盖了语言、音乐和运动，十分丰富。

我从事心理学工作，时不时会碰到家长带孩子来做"认知评估"，测量孩子的智力水平、工作记忆、信息处理能力、学术潜力和注意力，看看在学业方面有没有什么资质缺陷。在做这类认知评估的时候，让我印象最深刻的是家长望子成龙的心情。

整个评估流程首先需要两天时间来观察、访谈和测试，再用一周时间来评分、解读和整合。准备好一份完整的认知报告之后，我需要邀请家长和孩子一起来讨论报告的结果。今天的世界最不缺的就是期盼和焦虑，毕竟现在的大学都根据考试成绩来决定录取和住宿资格。让人震惊的是，当我告知家长，你的孩子"处于同龄孩子的正常水平"时，多数家长的反应竟是失落。进一步的研究揭示，他们并非对孩子当前的分数不满，而是对其所关联的未来感到失望。因为他们坚信，这个数字直接决定了孩子未来在学业和职场上建功立业的可能性。

从幼儿园的第一次考试，到最后从知名学府毕业，每个人一生都要花费 12 到 20 年，才能收获最终的奖励。所有学业挑战、人脉搭建、无薪实习、暑假打工、面试、被拒、课后活动，以及父母的期盼，都是为了能觅得一份好工作。

从不停歇的比较并未就此终结。人们完成了学业上的竞争之后，又转战职场。在这种压力下，想在朝九晚五之外抽离自我，几乎是痴心妄想。很多人需要在夜晚和周末加班。工作正朝着生活逐渐渗透，步步深入。在卧室里，手机要随时开机；家里的电脑也要用来工作；出去旅游要带上手机；休病假回家也要带上笔记本。毫无疑问，现代人已经在工作模式下丧失了自我。

上班族的衣橱

我们对待工作的态度，还会影响我们的穿着。关于职场衣着，人们最容易犯两类错误：一是在工作场合胡乱穿衣，二是一身职业装走遍天下。这样的错误往往意味着，人们在工作和生活之间，无法划出一条清晰的界限。

请穿得像个上班族

在工作场所，有些人打扮得像失业人士。他们穿得像在自己的卧室一样，也并不觉得着装随意有什么不妥。

穿得像个上班族十分重要。在职场，人们都是先通过外表来衡量职业素养的，因此第一印象十分重要。如果不在这方面花点心思，外表会让别人忽略你的其他品质。比如说，我登门拜访，为你提供心理咨询，但鞋底粘着一张厕纸，那么你就会时不时瞟它一眼，无法专心听我说话。若是我穿着破了的牛仔裤和汗渍斑斑的衬衫，你多半会因为衣服的问题开小差。

人们说的"像模像样"究竟指的是什么？因地制宜。你可以从周围的环境收集素材：如果你在南加州，那么穿得休闲随意，那是大势所趋；如果你在伦敦，那么西装革履，则是不二法则。每个地方都有自己的穿法，需要入乡随俗。

接下来，把目光从国家和地区，缩窄到你们公司。工作氛围是什么样的？周围的人一般穿得正式还是休闲？工作是不是很严肃？公司是否有层级差异？是不是高层管理者总是西装革履，而执行者往往穿着包臀上衣和打底裤？

根据你所处的国家、地区和职场氛围来穿着打扮非常重要，但更重要的是考虑你的客户——不管他买的是汉堡还是心理咨询服务，顾客都是上帝，是衣食父母。他们为你提供建议，拓展客源，提供背书，在老板面前帮你美言几句。穿上得体的衣服，带着职业精神，为客户提供所需吧。每个咨询课程或公共演讲培训都强调需要了解听众的喜好，其中就包括他们欣赏怎样的穿着。按照他们的喜好来打扮，容易与听众建立共鸣，也会让他们相信，你就是不二人选。

我刚开始去西海岸工作的时候，只带了东海岸的穿衣装备——西装、紧身连衣裙、高跟鞋、首饰和风衣等。到了上班的地方，我才发现，他们的穿着非常随意——员工们只会在全员大会时才穿得正式一点，唯一打扮得西装革履的是主持人。当时大家都建议我穿得休闲些，因为客户若见我穿得太过正式，就无法建立共鸣、敞开心扉了。

然而，患者的说辞却是截然相反的。他们欣赏我的装束，认为那是对职业和顾客的诚意和尊重。很多人已经被生活掏空，因此非常感激我对他们的重视。我愿意穿得体面，也因为我在乎和尊重他们。

此外，你还要考虑你为客户服务的具体需求。坐在办公室里舒舒服服吹空调是一码事，大热天汗流浃背在城市里跑来跑去是另一码事。给顾客留下一切尽在掌握的印象，才能让他们安心。满脚水泡，穿着 10 厘米高跟鞋蹒跚而行，这并不意味着你能力出众。

而害怕自己穿得太抢眼，可能是担心会给人留下花瓶的印象。女性往往会面临性别问题带来的困扰。究竟要怎么做，才能既打扮得漂漂亮亮，又让人觉得自己大脑额叶运转正常呢？难道女人非要牺牲自己的品味，才能让别人看到自己的实力吗？难道只有穿着索然无味的鞋子及合成纤维的西装，才能给人专业的感觉吗？

作为过来人，我十分了解职场女性的酸甜苦辣。为了呈现专业和知性的形象，我不断逼迫自己打扮得低调些，最好还表现出一副对外表毫不在乎的样子。想在知性里找到时尚确实颇具挑战。但其实，那些认为重视外表的女人必定低能的人，内心才是既自卑又缺乏安全感。

无论你正在读书还是已经工作，按照理想的职位穿着。如果你现在是秘书，将来想做公司高层，那么就像高层那样打扮；如果你是学生，将来立志做教授，那么请像教授那样穿着。对你的着装冷嘲热讽的人，肯定不是给你升职加薪的那个。请记住，当我们爬上梯子，只有最时髦的细高跟，才能让你气场全开，对抗压力。

要知道，任何人都能够打扮得像个体面的雇员，但是只有努力工作、兢兢业业，再加上打造时尚衣橱的天分，你的美丽外表才能成为升职路上的好帮手。现在，让我们来重新诠释职场装扮吧！

工作量检查清单

世界是很均衡的。有一个人打扮得随便而不专业，就有一个人下了班也穿着职业装。后者是用生命在工作，忘记了生活还有其他组成。这个人的衣橱也很有可能被职业装所统治，难以给其他的衣服留出一席之地。你也是这样吗？

❑ 不上班的时候，你还会时常惦记着工作的事吗？

❑ 你可曾因为烦心第二天早上的任务而无法入睡？

❑ 不上班的日子，你也放松不下来吗？

❑ 不上班的时候，你是不是也一刻都离不开手机？

❑ 你是否觉得放假没什么意义，反而会留下一大堆事，让休假回来后更忙？

❑ 你周末会去上班吗？

❑ 你会不会因为手头工作没做完而放弃休息和吃饭的时间？

❑ 你所有的朋友都是同事，对吗？

❑ 你有没有觉得不上班就不知道做什么好？

❑ 亲友有没有表达过对你工作习惯的担忧？

❑ 你是不是希望工作和生活更加协调，但却无从下手？

❑ 你有没有因为工作出现过身体和精神上的透支？

❑ 你不上班时，也会穿正装吗？

☐ 你有没有合适的"非职业装"来应付非工作的场合？

☐ 过去一年有没有添置过除了职业装之外的衣服？过去半
年呢？

☐ 采购职业装之外的衣服时，是不是毫无头绪？

☐ 你是不是希望在穿着风格上有所改变，但不知道怎么做？

　　如果多数问题的答案是肯定的，那么你多半是个工作狂。
现在的新任务是，努力实现工作与生活的平衡，同时打造一
个相称的衣橱。

办公室着装法则

质量篇

不要穿扣子、拉链损坏的衣服。如果有，请找一位好的裁缝帮忙，或用时尚的腰带、胸针遮住。

不要穿带破洞的衣服。要么缝好，要么扔掉。

不要穿有线头、宠物毛发或起球的衣服。请置办毛球清理器、塑料脱毛梳或织物剃须刀。

不要穿洗不干净的衣服。请购买便携式去渍笔和汗渍去除剂。

版型篇

不要穿太紧、太短和太松的衣服。可以与专业人士约谈，了解怎样才是真正的"大小合适"。

不要露出内裤的印痕。买内衣时，尽量把搭配的外衣带上，确保万无一失。

乳沟不要露得太深。确保自己无论怎么斜靠、弯腰、坐下、起身，都不会走光。

功能篇

不要穿不合脚、踩不稳和磨脚的鞋子。高跟鞋大半码更舒服，再搭配个硅胶垫。

不要穿让你工作时行动不方便的衣服。衣服面料要透气、便于行动。

不要让空调和暖气毁了你的打扮。置办一些好脱好穿的衣服。

风格篇

不要从头到脚都是一个主题的衣服，尤其是个性突出的主题风格，如航海风、远征风、朋克风等。可以从每个主题风格中挑选一件单品，同其他经典款式一起搭配。

不要刻意排斥某种风格。根据工作的大环境来决定保守还是时尚，正式还是休闲。

不要和同事穿得一模一样。通过添加自己喜欢的风格，穿出自己的个性。

不要佩戴噪音极大的配饰。在鞋跟处贴上静音贴；取下叮当响的手镯，改为别致的袖扣吧。

不要穿带有冒犯字眼的衣服。时刻注意自己的谈吐，甚至衣服的"谈吐"，因为这些都会对他人产生影响。

案例研究

梅根的故事
——住在工装里的工作狂

梅根是一名"住"在白大褂里的外科医生。无论何时何地，她都穿着一双白色橡胶洞洞鞋，套着那件印有桃心和小狗图案的罩衫。她的穿着，在上班、休息、出门、睡觉等不同场合，没有任何切换，做到了物尽其用。梅根可能在医学方面是个专家，但在穿着方面，她快要"无可救药"了。

在一个周末，梅根意识到自己的穿着糟糕透顶。她给我打电话时，声音中透露着绝望。纵然她救人无数，却对这次的危机无从下手。

"鲍博士，我真的太尴尬了。这周末，我穿着工作服在街上逛，结果撞见了同事。我的天啊，他一定觉得我从来不洗澡，或者只有这么一件衣服！这简直是噩梦！"

梅根的焦躁让我回想起当年的自己。个人生活被忙碌的学习完全侵占。我在学校里的前半年，不是穿苏格兰短裙，就是穿 Polo 装，鲜有例外。而现在，我可以故技重施，帮梅根打造一个"正常衣橱"。是时候看看问题的首要源头了。是怎样的衣橱把梅根弄成了这副惨状？

我来到梅根的家里。她对我说："虽然听上去很可悲，但是我不得不承认，除了工装外，我确实没什么可穿的。不对，其实我还有别的衣服，但就是不知道如何搭配。更可悲的是，要不是这次被同事撞见，问我'是不是周末要值班'，我压根儿没有注意到自己成了这副样子。天啊！"

"你的衣橱几乎没有任何生活的痕迹，而我们的任务就是让它重获新生。"其实还有一句潜台词——"我还要让你重获新生"。

一天到晚穿着工作服，连一身适合周日去超市买东西或约会的行头都凑不出来，到底是为什么？因为懒，因为喜欢工作服的舒适惬意罢了。毕竟，这种白大褂配胶底鞋的打扮不耗费任何脑细胞。

对她来说，更难堪的是，现在的衣着打扮让她看起来像是急诊室的编外人员。我们必须承认，她对制服的偏好事出有因。一方面，上下班穿得一样更省时省力，另一方面，作为一个刚执业并且还要偿还学生贷款的年轻外科医生，她囊中羞涩。因此，她希望买到物美价廉、一衣多用的衣服。新衣橱计划有一个前提，就是要在不增加经济负担的前提下，添置一些适合各个场合穿着的衣服。此外，她工作之余喜欢旅游、散步、宅着、闲逛，因而新衣服需要舒适好穿，让她行动自如，不被紧绷的衣服和难走的鞋子所束缚。

满足这些需求的解决方案是"胶囊衣柜"，即傻瓜式衣柜——全都是最基本、可换搭的款式。外形大改造的首要目标是把她目前衣柜适配性、多功能性和舒适性的优点保留下来，并移植到新衣柜上。

在盘点库存之前，我已经暗暗描绘出一份清晰的购物计划，坚信从"梅根大夫"向"梅根小姐"的改造将会十分顺利。但是在打开她卧室的衣柜后，我傻眼了——没有一件正常的衣服，每个衣架上挂的都是医院制服。我强烈要求梅根带我去看看她的其他衣服。

梅根脸都红了，再次向我确认是否真的想看。我点头称是。"好吧，都在洗衣房呢。"我挑起眉头，跟着她来到洗衣房，也就是她所谓的"第二衣橱"。水泥地板上散落着脏衣服，洗过的衣服被遗忘在篮子里，烘干机里则塞满了浸湿的牛仔裤。

"你在洗衣房还扔着这么多衣服？上次穿它们是什么时候？我们需要把所有的衣服都集中在一个地方，才能厘清你到底都有些什么。"

梅根避开了我的视线："说实话，我最近都没时间穿它们，只穿过卧室里的那些白大褂。"

在烘干机里走了一轮之后，我们把所有衣服收集到一起，运回卧室。改造的第一步是审视她的生活方式，找出服饰的类别。我让她把衣服进行分类，区分出周末休闲、夜晚娱乐、正式场合、健身和睡衣。梅根穿梭于一堆堆衣服之中，累得直喘粗气，时不时低声咒骂，但收效甚微。经过仔细观察，我发现她没有办法用眼前的存货完成我布置的任务。这些衣服都是她就读医学院之前采购的。后来很长一段时间之内，她都没再添置过新品。这些旧衣服不但不合身，而且已经过时，无法再穿。

"我总算知道为什么你很难把衣服分类，也明白你为什么不穿其他衣服了。除了工作服，你确实没有别的选择啊！"

作为一位外科医生的女儿，我深知，医生需要做出的牺牲。一名医生需要随时待命、分秒必争。我父亲当年为考进医学院披荆斩棘，之后还要为生活与工作的平衡伤透脑筋。救死扶伤的压力会对医生的私人生活带来毁灭性的影响。现在，梅根的衣柜就生动体现了这一点。她的工作一直在过度消耗她。无论是生活还是衣柜，都没有多余的空间。她必须及时刹车，在天平完全倾倒到工作这一侧之前，找回自我。

我问她每周的日程安排，有多少时间花在工作上，有多少时间属于自己。

经过这样的梳理，梅根渐渐意识到，自己的生活已经完全被工作渗透了。她在工作这台从不打烊的跑步机上不停奔跑，忘记留出时间满足自我的需求。在她不上班的时候，她也不参加任何活动。如此失衡的生活算不上真正的生活。她不仅要改变穿着，还要改变其他更重要的东西。

治疗

离开梅根家之前，我让她在 Facebook 上加我好友。我想先调查清楚她对自己的定位。通过她的线上社交网络收集线索，是个非常好的办法。事实上，让别人更加深入了解我们的，并不是我们对别人说的话，而是我们如何展现自己。恰如我所料，梅根的个人资料完全就是一份工作简历，列齐了所有的成就和隶属单位。每张照片都是成功的定格。为自己感到骄傲没有任何问题，但是梅根则不同，她完全寄生在外界的肯定上，好像失去这些，她就失去了价值一般。

自省自查是个好习惯，但不行动毫无用处。梅根虽然意识到了自己生活中的失衡，但如果我不推她一把，让她行动起来，这种认识也不会带来任何改变。

第二次会面我很早就到了梅根家，让她列出一些词来描述自己。结果，所有词语都围绕着她的外在成就，比如头衔、奖项和学历——"医生""学霸""常春藤毕业"。除此之外，她完全找不到和内在素养有关的词来形容自己。梅根已经在这些成就中完全迷失了。

"在这些词语里，'梅根'在哪里？"我问。她看着我，以为我失去理智了。我又重复了一遍自己的问题。

"这就是我啊！这些词语形容的就是我啊！我没太明白你想要的是什么？"

"我相信真实的你远不是由这些名头组成的。现在的描述像一张干巴巴的简历，没有体现出那个最特别的你。你为自己的学业和职业成就感到骄傲是件好事，但是现在你已经让这些成为你的全部。要不要再试试？列出专门描述'梅根'的词，而不是获奖清单。"

她点点头。这一次的练习却花了很长时间。这些年来，梅根为了各种头衔、奖励而呕心沥血，刚将这个荣誉收入囊中，马上又树立了另一个目标。进入大学前，她的目标是要考进一所名校；进了名校之后，她又马不停蹄准备考取医学院；如今，她的愿望则是开一家私人诊所。

"好的，我明白你的意思了。我心里有些雏形，但是不知道怎么表达。我一直在努力克制罗列简历。现在我写的是，乐善好施，富有同理心，擅长逻辑分析。"

"做得很好。梅根，这就是我要的。我们看看能不能把这种思维变成一个习惯。"

梅根想要一份具体的行动计划，于是我提供了一份。首先，我要她学会更多地从内在而非外在来认识自己。过去的她总是习惯用外在信息来衡量内在的价值。事实上，外部评判往往是灾难之源：它给人带来的打击，远远大于鼓励。

我给她布置了一项作业——为自己安排一些社交活动，必须避开医学系统里面的同仁，因为她太需要同医学以外的世界多多交流了。

第二个作业是一项禁令。在接下来的一个月，参加社交活动、结交新朋友时，不许提及与自己职业成就有关的话题。我教给她一招心理学从业者常用的"转移法"。当客户向我们提问私人问题时，我们会巧用此法转移到其他话题上。

"梅根，我们需要学一些'临床话术'。比如，当有人问及你的大学专业时，你就说你是个终身学习者，或者就说你是学文科的，再不然就说你对所有科目都感兴趣。接着，你立刻夺过话语权，既可以把话题移到对方学过什么专业上，也可以聊聊彼此的性格，再不然，你就提一个希望对方也会问你的问题。"

说完怎么绕开工作相关问题，我们还一起准备了一些信手拈来的回复，以及调转话锋的话术。"如果有人问我是做什么的，我就回答说，我一直在帮助他人；如果对方还接着问，我就说我是一名科学工作者或者医务科学工作者。然后我马上反问对方的职业，或者干脆换个话题，聊聊我引以为豪的小兴趣。"

梅根开始迈出家门，主动参与能给她带来激情的社交活动，而不是宅着努力列出另一份获奖名单。这让她接触到了在个人成就和兴趣领域所没有的东西。一个月后，我回访她，顺便看看她的衣柜。

"这一个月感觉如何？"

"我需要刻意忍耐，才能控制住聊工作、聊学历的欲望。但是，我逐渐认识到，那些东西，让我之前把重点放在了错误的地方。当这些东西忽然被切断，我就不得不直面自我，去思考我是什么样的人，是什么让我变得重要，是什么让我变得特别。如果没有那些成就，我就一文不值了吗？"

"那你的答案是什么？"

"我在问及他人的日常生活时，从他们的回答中找到了答案。他们总是说，人来到这个世界上，天生就承载着不可替代的价值。不过，这话放在别人身上没问题，用到我自己身上，还是觉得勉强。"

梅根必须明白，她通过内在品质和自身价值的角度去评价他人这一方式，也应当适用于她自己。有的人可能会辍学，可能上不起大学，可能在工作上默默无闻，却依然能自得其乐。她也可以。幸运的是，经过一番思考以后，梅根逐渐意识到自己的内在价值了。

此外，她还应当给自己忙碌的生活放放假。为了把她从失衡的状态中拽出来，我让她自己安排一些放空的时间。我们翻出了已经落灰的日程本——梅根在周一、周二和周四上全天班，下班之后，要安排一个夜晚的放松时段。她喜欢的放空方式是追自己喜欢的电视节目。不能再错过《奥普拉的人生课堂》和重播的《鲁保罗变装皇后秀》了。周三和周五，她要上半天班。在这几天，她可以和朋友聚会，踢球，探索附近的美食。周末两天就更刺激了——从自驾到相亲，如今的她，都可以去试试。

重新定位

我对梅根说，我觉得她已经找到自我了。不管有没有外在的丰功伟绩，她都知道自己是谁。她挣脱了一度以为不可或缺的束缚，终于守得云开见月明，找到真实的自我。

如今的她开始心无旁骛地参加一些过去她认为有失职业身份的活动。在与他人的互动中，她意识到，没有任何目的，只为有趣去做一些事情是多么宝贵。她在踢球中找到乐趣，加入了一支队伍；还重拾起跳舞的爱好，不以比赛为目的；另外，她现在时不时还会参加一次"快速相亲"呢。毕竟，她还是个忙碌的医生嘛。

有了全新的自我之后，最后一个步骤就是准备相匹配的服装了。只要你对真实的自己了如指掌，那么穿对衣服就会易如反掌。梅根是医生，也是一个聪明能干的人。她喜欢把这种气质反映在自己的穿着上。当然，我没有忘记她对舒适和实惠的要求。此时，裁剪干练的经典款和小猫跟鞋是绝佳选择。到了周末，她是开拓者，是探险家，对新事物求知若渴。所以周末的衣服琳琅满目，色香味俱全，就像她喜欢的食物一样。这些衣服自然不需要像工作的衣着那么严肃有条理。她喜欢印度风格的服饰和珠宝，所以她选择了亮丽的上衣，搭配金手镯或者金手环。在 Zara 和 H&M，这样的款式多得是。当你清楚哪些东西好看，哪些适合自己，你就能在任何地方以满意的价格淘到宝贝，穿上身惊艳全场。

又过了一个月，我再次回访梅根。她在门口迎接我，穿了一双楔形高跟鞋，搭配一条饰有流行图案的裙子和一件亮色背心。她正准备去和一位同事约会。在去休息室坐下来安安稳稳吃午饭之前，她竟然对那个同事没什么印象。

"我觉得现在生活非常和谐。我能够从工作和医生的身份中抽离出来，好好放松休息。在夜晚和周末，我做好'梅根'就可以了。要是我对'梅根'这个身份厌倦了，再变回'梅根大夫'也很容易。"她没有失去自己多年以来苦心经营的专业形象，依然是个优秀的医生，同时她还逐渐填补了自己一度失去的个人生活。如今站在我面前的是一个立体的梅根，一个全方位完整的人。当时，我本想问问她，有没有什么方法修复我最近的黑眼圈。但我打住了，因为那天梅根不上班。

轮到你了

丢掉工作

很多人都和梅根一样，把自己的大量时间、自我身份和价值体现全部寄托在工作上。人们在初次见面自我介绍时，最常见的话题莫过于询问职业了，而此外才会谈及个人爱好、慈善行为、社会贡献和其他成就。

随着科技的进步，人们的工作地点不再局限于办公室。这些本来为了让工作更轻松的发明，反而成为压榨私人时间的利器。工作生活渗透进个人生活，也都会体现在外部世界。家不像家，变成了公司的前哨，甚至总部。卧室不像卧室，变成了堆放资料、重要文件和未完成事业的杂货柜。车不像车，变成了工装鞋、换洗衣物和补充零食的移动储物间。衣柜不像衣柜，里面大喊着"干活、干活、干活"！然而在这些画面里，"你"在哪里呢？

读研期间，我也饱受这种失衡折磨。我的时间、精力、身份以及对成功的理解，全部集中在工作上。每天在阅读、写作、学习、预习、实操、诊断和治疗之中疲于奔命，没有任何其他空间可言。当我终于有时间去聚会甚至约会时，才发现自己已经没衣服可穿了！从毕业到拿到执照之前，我的衣服就只有西裤、花哨的毛衣、衬衣、铅笔裙、夹克和高跟鞋。我必须去另外购买工作以外场合穿着的衣服。但问题是，买完之后，情况并没有好转，因为根本问题没有解决。我已经习惯了为工作而活，工作的时候，没有任何事情可以打扰我；放下工作，我的生活也就失去了意义。

如果你也正在苦苦探寻工作之外的自我和意义，请试试这套"寻找自我"的办法。像找工作一样，一步步来吧。

1. 列出你喜欢做的事情。比如，阅读、购物、做饭，或给别人当知心姐姐。

2. 设定一件你觉得能找到成就感的事情。你擅长跑步、画画或唱歌吗？在评估这些爱好时，不要单纯以结果来衡量是否成功。如果你乐在其中又能差不多圆满完成，那就是成功。你喜欢做的事情和你觉得能成功、会有成就感的事项，很有可能是重合的。

3. 在重合的事项里面选出五个你能差不多完成的。不要把它当成另一个指标任务。

4. 开始行动吧。按照这份列表，从第一个项目开始，合理规划，设定时间。过一段时间后，当你觉得这个活动没意思了，或者很难有突破了，就从头开始，或者换下一个活动。

现在，你不再是个无脑工作狂了。你是演员，是歌手，是作家，是画家，是发言人，是疗伤者，还是人生导师。当年，我用这个办法寻找自我的时候，给自己列下的重点是：进入时尚行业，帮助他人，为大家普及健康知识，以及写作。而这些活动最后怎么样了？它汇集成您手里的这本书！

很多人不能把自己或自己的着装从工作中剥离出来。因此，我们要学会在不上班的时候，彻底丢掉工作。

平衡工作与生活的快手技巧

自查：如果你不主动去寻找问题，你可能永远不知道问题出在哪里。你是不是奔波于工作，无暇审视自己的生活呢？也许你没有意识到，但别人已经注意到，你的天平失衡，需要减少工作时间，增加娱乐元素了。

成长需要自查。你可以花一点时间和精力，翻翻自己每日、每周、每月或每年的计划表，计算各项活动的比例，看看工作的百分比是不是太高了？如果是，那就需要安排一些别的活动取代部分工作。仅仅希望生活能够更加平衡并不能改变现状，让别人帮忙也无济于事。你需要的是行动起来。

如果不是有意识地改变，你不会看到任何起色。

重组规划。如果你发现自己确实已经失衡，则需要改变日常模式来平衡事态。我知道每个人都很忙，科技发达让工作无孔不入，但是我们还是要主动画出一条界线来。平衡需要边界。

生活中，很多事情都有边界，友谊、家人、饮食、运动，无一例外。你需要画一条线，把工作圈在里面。一开始，可以限制每天上班和工作的时间上限。比如规定，周末只能上午加班。同时，可以设置地点的边界，比如规定，在家不要工作，并把电脑、文件、项目和资料通通清出卧室。

此外，还有精神的边界。精神边界需要我们区分哪些想法、词句和行为，是上班时才使用的。与家人团聚时，就好好休息，别想着工作的事，这就是一条精神的边界。

最后，最难的是情绪的边界，也就是指内心情感的界限。比如说，面对工作上的焦虑，用冥想的办法来缓解，就是画出一条情绪的边界。

忙里偷闲：不论工作多忙，还是可以挤出一些属于自己的小闲暇。睁开眼睛到起床之前，打扮时，喝咖啡时，洗漱时，去办公室的路上，拜访两个客户之间，开车回家的路上，爬上床还没睡的时候。机会确实不多，时间的确不长，但空隙确实存在，都可以加以利用。别因为你的疏忽，让时间白白溜走。把它们用好，当做工作中的小闲暇。精力就像一个会透支的银行账户，这些积累起来的闲暇就是存款。

除此之外，还有一些小窍门，能够让忙碌的日子不再单调。试试在办公桌上摆一盆鲜花、一张好看的照片，或置办个可爱的抱枕，听些能让你放松的轻音乐，让日常生活与众不同。尽量减少外卖，抓住出门吃饭的机会；若能自带家中的美味，就不要去自助餐厅吃了。试着像准备郊游一样打扮得漂漂亮亮地去上班。当电脑屏幕倒映出自己的最佳状态时，昏暗的工作时间也能明快起来。

压缩与隔离：正确对待工作任务及其引发的压力。让你倍感压力的事情真的需要你这么担惊受怕吗？你在一周后、一月后、一年后，还会这么在意它吗？也许不会吧。如果你觉得工作量已经饱和了，做好你真正需要做的，别再伸手更多的事情了。把本该花在放松、社交和爱好上的时间拿来工作是在浪费时间。你需要的是更多效率，而不是更多的工作。如果工作的时候能够排除干扰、专心致志，就能事半功倍，释放更多的闲暇。

学会下班。不少人问我，下班后会不会把客户带回家，或者下班后也惦记着他们，尤其是那些生活在水深火热中的客户？我的答案万古不变——如果我在家的时候想着他们，工作就不会有效率。这就好像我上班的时候想着家里的事，工作效率会高吗？干活时，就全身心投入。下了班，连公司的一张废纸片都不要带回家。

敢于求助：人生的航程艰辛漫长，有时候应该考虑让战友施以援手。同舟共济，一起吐吐苦水，头脑风暴，相互扶持。

当你觉得撑不下去的时候，哪怕一个微笑、一句玩笑，也会让一切都好起来。

如果工作任务确实太过繁重，那就减少人均工作量或增加一个帮手。找人帮忙并不丢人。勇于承认自己的极限，是平衡生活的基本要求。

胶囊衣橱速成法

如果你时间宝贵，精力有限，那么胶囊衣橱速成法将成为你的不二之选。按照这个法则，你可以用最小数量的单品搭配出最大数量的行头。还记得上学时候的组词题吗？题目罗列出一些字，要求你计算最多能搭配出多少个词。由于它是指数级别增长的，结果是一个不小的数字。胶囊衣橱法的思路和组词异曲同工，组合出来的搭配数量也不容小觑。

唐娜·卡兰在 20 世纪 80 年代把胶囊衣橱法发扬光大，推出了革命性的"简约七件"：一件紧身衣、一件外套、一件夹克、一件衬衫、一条裙子、一条裤子和一件晚礼服。这一概念一经兴起，引发众多品牌设计师纷纷效仿，为忙于工作、预算有限和需要搭配建议的女性们设计了大量胶囊衣橱系列产品。

胶囊衣橱不需要劳烦设计师就能完成。首先，你需要选出 5 到 15 样你在任何时间、场合都能穿着的单品。你可以设想，假如要搬到荒岛或是房子不幸着了火，你会带哪些衣服？可能是紧身连衣裙、西服、打底裤和上衣，诸如此类。

　　确保每件单品都是易于搭配的款式。比如，要么米色，要么黑色，这样混搭起来更容易。你要把那些不是必须的、功能上易被替代的选项剔除。举个例子，如果我穿了长裤，就不必再穿条打底裤了，因为两者功能相同。此外，别忘了配件：马靴、长筒靴、及踝靴、浅口鞋、坡跟鞋、绑带高跟、连裤袜、透明丝袜、首饰、围巾和帽子等。

　　请牢记，胶囊衣橱的目的，是以最少的数量打造最高效的衣橱。这一法则容不下任何冗余。用一个小行李箱应该就能装下整套东西，足以游刃有余地应付任何场合。如果你还是不明就里，我推荐你阅读尼娜·加西亚的《我的100件时尚单品：一本值得每个女人珍藏的风格指导》[20]。在这本书里，作者梳理出了100件基本款，你可以从中筛选，打造自己的极简衣橱，让衣服的利用率最大化。

　　对于绝大多数人来说，工作不是一个选择，而是必需。讨厌也好，喜欢也罢，过量工作都是这个时代无法逆转的大趋势。尽管如此，我们毕竟不是为了工作而活。如果把人生的存在感寄托在工作上，那不是真正的存在。但你可以把创造变化、重筑均衡人生当成工作，在自己的可控范围内，为每一天注入活力。

第八章

见微知著

致追逐奢侈品的名牌控

在时尚界，你穿"谁"，昭示着你是谁。各种衣着用品，无论是衬衣，围巾还是连衣裙，都不过是些中性刺激物，本身并不能引起我们的反应。然而通过经典条件反射，我们开始将衣物和意义联系起来。品牌广告商正是利用了这一点，把这些中性刺激物与挑逗人心的图像关联起来，引发人们的反应。久而久之，即使最初的刺激消失了，人们依然会对品牌蠢蠢欲动。

想象我们走进一家 Abercrombie 的门店，首先映入眼帘的是一位身材火辣、赤身骑马的男子。这带来的感官刺激……怎么说呢……姑且叫"情欲"吧。最终，你会渐渐地将 Abercrombie 的衣服同"性感"的概念相关联，甚至不用看到那些特殊场景中的热辣模特，只要看到标签和名字就可以联想起来。你希望自己性感，并且希望别人也这样认为，你成了这一品牌的座上宾，而这正是他们的目的。

设计师和广告商们的工作，就是利用人们与衣服建立的情感体验，以及我们渴望其他人也如此看待自己的心境，从中获利。当你在购买某个品牌的衣服时，你消费的不只是一块布料那么简单，还消费了与这个品牌有关的一切，包括品牌体验的"优越感受"。作为回报，你也在利用这个机会让"品牌为你代言"。

这些"优越感受"是如何被催生出来的呢？一是靠广告。不论是在《大城小镇》杂志华丽的内页，还是在电视上一闪而过的洗脑片段，广告都将品牌而非产品本身作为展示的核心。广告的成功之处，就在于让人们看过之后能引起共鸣，感到身心愉悦、情绪亢奋。

二是靠代言——可以是一个人、一个地方，或者一个物体。著名影星一身珠光宝气，驻足在埃菲尔铁塔下；西班牙马球场高朋满座，赛马和遮阳帽星罗棋布；白色的劳斯莱斯里，一条羊绒毛毯和一双焦糖色麂皮手套叠放在印有字母纹的真皮座椅上。社会心理学表明，诱使人们付钱的正是品牌的"相关群体"——往往包括那些出镜的偶像。

这种心理诱惑不仅局限于广告。门店里的每一个元素都发挥着同样的作用。从音乐到灯光，从鲜花到香槟，如今的门店早已不再是立满了货架的库房，而摇身一变成了奢华的造型沙龙。其中的微妙细节不单要提升顾客购物的体验，增加停留时长和购买几率，同时还要传递品牌信息。背景音乐、照明亮度、房间温度、装饰布置，每一个用于营造气氛的装饰元素，都是由培训过的专业人士精挑细选而来的，绝不是随便为之。

就连门店的员工也是这个品牌外延的一部分。根据此前奢侈品牌和大众品牌的销售经验，我可以负责任地告诉你，导购的每一个细节：从接电话时的开场白到指甲油的颜色，都是有严格规定的。比如，有的店不允许店员穿黑色衣服，不能带任何首饰，而且不建议主动找顾客搭话；而有的店则要求我们在楼面上一直表现出很忙碌的样子，让顾客觉得产品周转很快，再不买就没货了；还有的店，会花费整整一天时间培训员工如何打包装，把商品和小票递给顾客。

门店和店员已经成了卖点的一部分，成为品牌的一部分。店员的举手投足都在暗示着：如果你买我们的衣服，你也可以享受这样的体验。

说出你自己

人也能成为自己的广告牌，有的时候就是字面上的。衣服上写着的东西，有的令人尊敬，有的荒诞滑稽，都在传达着清晰的信息。你觉得"男孩很可爱"（BOYS ARE CUTE）；你支持"圣裘德儿童医院"（St.Jude's Children's Hospital）；你要告诉世界"我今天投票了"（I VOTED TODAY），或者"我吻了牛仔男孩"（I KISS COWBOYS）；也许你参加过"2000

年火鸡快跑"（TURKEY TROT 2000），还玩过男女混合曲棍球赛（COED NAKED LARCROSSE）。每个人看你一眼便知，你曾是某大学松鼠辩论队的主力，并且加入了 DELTA DELTA DELTA 妇女联谊会①。这些信息就像车尾贴纸一样粘在你身上。外界一眼就能看出你的兴趣、好恶、职业和社会活动。

我承认，我也曾是这种带字 T 恤的狂热爱好者——不是那种参加马拉松或做志愿者的 T 恤，而是写着"我喜欢戴眼镜的瘦男孩"或"把你的屁屁拿来烤一烤"这类雷人字句的款式。

不管是通过印字 T 恤还是品牌名称向世界传递信息，思考一下背后的原因也许是一次富有成效的自我剖析。你穿这样的衣服，只是单纯因为喜欢吗？还是因为不穿这些你就会觉得没有安全感？你是不是希望藏身其后？你是不是希望这些内容能让你更容易和别人找到话题的切入点？你是不是想借此展示你的专长？

Logo

广告不止出现在电视、杂志和门店。作为消费者，当你穿上某个品牌的 logo，自然也成了它们的人形移动广告牌。

①　译者注：社交性质的姐妹联谊会。

你有没有见过那种扮演成香蕉，在大街上跳舞来吸引顾客去店里光顾的人？其实，衣服上印着 Logo 的你，和他们也没有什么两样。

对于公司来说，商标是一件销售产品、获取忠诚顾客的神器。不管是经典的巴宝莉格纹，还是香奈儿的双 C 交叠，Logo 已经成为品牌构建的某种标准生活方式的象征。当我们穿上带有某个 Logo 的衣服，就代表我们是这个品牌以及其所代表的生活方式的拥趸。在搭建身份金字塔时，它的意义更加明显，传递的信息掷地有声——我穿得起这个牌子，也过得起这个层次的生活。

Logo 的重要性像任何趋势一样，也会随时尚周期变化。在读研究生时，有一年我的经济状况极为紧张，而那一年正是 Logo 当道的一年。我被迫在口粮和大牌中做出选择，而我宁可挨饿也要做凯莉·布雷萧 ①。到了年终，我的衣柜里聚齐了各种格子、带符号和带字母的衣服。但我那时候的打扮真是一言难尽。每次去上课的路上，看着电梯镜子里的自己，这些图案让我眼花缭乱。当我意识到母牛背上也会盖个戳时，终于从这种对商标的痴迷中清醒过来。

对 logo 的追捧，是这年头最普遍的时尚错误之一。因为人们模仿电视真人秀明星、大腕和社交名流的渴望，常常从

---

① 译者注：欲望都市女主角，两性专栏作家，为时尚而活，宁愿买《时尚》杂志而不买晚餐，对于设计师鞋款无法抗拒，是个爱鞋成瘾的人。

穿搭开始,尤其是这些带有明显标志的衣物。这类欲望看起来似乎只针对外表,但每个看到你的人,从中知道的可远不止"你喜欢某某品牌"。

Logo 至上自查清单

- ☐ 你是不是只买名牌的东西?
- ☐ 你的大多数衣服都带有显眼的 Logo 或商标吗?
- ☐ 这些 Logo 有没有给你的打扮带来不便?
- ☐ 如果那件名牌衣服上没有那个商标,你还会不会买?
- ☐ 你会不会很享受让别人知道你买了名牌衣服?
- ☐ 你有没有觉得穿上名牌会让人看上去更像个成功人士?
- ☐ 你会不会仅仅为了显眼的品牌名称或同款设计而去买件山寨货?
- ☐ 你会不会在网店或古着店里,特意寻找带 Logo 的衣服?
- ☐ 你会仅仅因为是名牌而入手一件不符合自己身材或者生活方式的衣服吗?
- ☐ 如果不穿名牌,你会不会没有安全感?
- ☐ 如果别人穿着比你更高档、更名贵的牌子,你会不会自惭形秽?

☐ 看到别人和你买的名牌衣服撞衫了，你会不会想把它扔
　掉或换掉？

☐ 你是否相信名牌就是质量的保障？

☐ 你喜欢的是品牌本身，还是具体的产品？

☐ 你是否曾因为购买名牌而透支？

☐ 你有没有租过或者借过一些名牌来穿，营造出你可以消
　费得起的假象？

☐ 有没有亲朋好友建议你改变穿衣风格？

☐ 你是否希望减轻自己对名牌的依赖？

☐ 你是否曾经试着改变，却没有成功？

　　如果你的回答基本是肯定的，那么你确实对名牌十分痴
迷。读完这一章，你将了解这种痴迷背后的心理原因，找到
替代穿法，并且在没有名牌加持的情况下，塑造真正的自我，
打造一个同等优质的衣橱。

案例研究

玛丽的故事
——为自己代言

玛丽一进我的办公室，我就看出她的问题来了。她穿衣服完全不考虑实用性，也不分场合，身上堆满了香奈儿、LV等。

"这些奢侈品牌的衣服我都有，但我还是觉得自己很土气，总之就是缺了点什么。我想再往衣橱里加点料，或者调整一下穿法。"

这个女人坐在我对面的沙发上，穿着一双红底Louboutin，一件镶嵌着黑色和绿松石色串珠的Tory Burch短上衣，下身是印着Chanel图标的黑色打底裤，外面套着带毛领的黑色羊毛大衣。她一点儿也不土气，看起来要去参加一个高端酒会，而不是来寻求造型上的帮助。

"玛丽，你平时也是这样打扮吗？"

"没错，我基本都是穿大牌的衣服，再配点闪亮的装饰。我一向认为，不论是什么场合，都要把最好的穿出来，所以我一般都这么穿。"

玛丽十分善解人意，把她的衣服全部带来了。我们一起从她车上卸下那堆衣服，然后一件一件地开始分析。

"你竟然有这么多的衣服，而且基本都是名牌。你是从什么时候开始只买名牌的呢？"

　　她解释，对奢侈品的偏爱源自母亲的影响。她妈妈拥有整柜的名牌服饰，所以她从小就耳濡目染。那时候，衣柜里总是挂满了羊绒、丝绸和貂皮的衣服。当时她总喜欢把自己的小脚丫挨个放入母亲的鞋子里。各种色彩、款式、质地、皮类的鞋子琳琅满目，足有一百来双，在衣柜前的地板上一排排地整齐摆放着。玛丽最珍视的日子，莫过于打扮得漂漂亮亮的，去母亲上班的高级时装店。她还依稀记得当年母亲的高跟鞋撞击在服装店柏丽地板上的声音。

　　"这么说来，你是遗传了母亲的特质，听上去，她像是个时尚楷模。那你自己从什么时候起开始买这些呢？"

　　"我刚有了自己的积蓄，就迫不及待地去买名牌了。读大学时，我穿的都是我妈妈的名牌。当时，我在一家名牌店做兼职。那些衣服让人大开眼界，价码也令人咋舌，但我并没有因此退却。"

　　玛丽每天都要跟那些打扮得天衣无缝、一掷千金的贵妇打交道。很快，她自己也加入其中。

　　"我本来是不想买这种档次的衣服的，但是做这份工作，就得穿得像回事嘛。如果我不穿得像个圈中人，那就很难服务那些贵妇。慢慢地，我就积累了很多高档服饰，但我其实根本就没那么多钱。"

　　她满身的品牌 Logo 晃得我眼花缭乱。接下来，我们开始讨论她对商标和 Logo 的痴迷。"玛丽，我发现，你不单是喜欢穿名牌，而且还喜欢带有品牌标志的款式。为什么？"

她尴尬地解释，这么做，还是跟囊中羞涩有关：这卖肾的钱都花了，如果还不让别人看出来，那多不划算啊？

面对这一堆堆衣服，我一度以为自己参观的不是玛丽的衣橱，而是一家博物馆的时装展。"你说你来找我帮忙的原因是觉得自己打扮得土气，不知道怎么搭配，对吧？要不我们来搭配一下试试。"我提出建议。

玛丽把自己最心爱的几件衣服挑出来，试图组成一套。讽刺的是，正是品牌标志的问题，让她徒劳无功。

我问："你看出自己的问题了吗？"玛丽摇摇头。我接着解释："这些带品牌标志性印花的衣服凑在一起是很难搭配的。它们成了你的障碍。"

接下来，我们需要找出一些没有品牌标志性印花、字母、符号、标签的单品出来。一个衣橱总需要有一些绿叶，而这恰恰是她所缺失的。

治疗

"玛丽，如果你有一棵摇钱树的话，你会买些什么东西？你还会对这些品牌和 Logo 那么着迷吗？"

"有了摇钱树？那我就不稀罕这些了。"

"所以，你现在又为什么需要它们呢？"

她停顿了一下，解释说："拥有这些奢侈品，让我觉得自己像个人物。我想看起来像个成功人士。你知道,当你穿得不起眼的时候,别人是不会把你当回事的。我妈就是这么说的。"

我问她,她母亲具体是怎么说的。她详细地介绍了她母亲作为零售从业者的心得体会:"如果你希望做个有头有脸的人,你就得穿得像个有钱人。那些说尊重是自己挣来的人都是骗子。你只要穿得像个有钱人就够了。如果你打扮得毫无存在感,别人凭什么重视你?根本没资格。"

玛丽的话一部分是对的。外在的东西确实能反应内在,但是穿着打扮并不应该左右人本身的价值。换句话说,即使不穿那些华服,也并不意味着一个人一文不值。可惜玛丽并不懂这个道理。她对这些名牌和 Logo 疯狂痴迷,并不是因为她喜欢这些衣服,而是因为她想借此来引起别人的重视,让人们看到她的价值,而她从不相信自己天生就具备这些价值。

随着问题的深入我才知道,为了看起来像个有钱人,玛丽一直在打肿脸充胖子。更糟糕的是,她越缺钱,对这些奢侈品,尤其是带 Logo 的产品就越渴望。如果需要刷爆信用卡、节衣缩食、没日没夜地加班来换取这些奢侈品,她希望人们一眼就知道她花了多少钱。Logo 就是衣服上的价格标签。玛丽发现,摸着这些名牌 Logo,就能够抚慰自己由于现实落差而带来的失望,让自己的薪水看起来也没有那么可怜。

　　根据我的诊断，玛丽的问题是典型的"认同危机"，需用他人的名义来证明自己的价值。设定、实现目标，审视自己的价值观和信仰，发掘潜能，理解家族史，这些才是玛丽为认清自我而需要采取的行动，而不是仅凭穿戴某种名牌的服饰来认识自己。另外，她还需要了解，被人仅凭衣冠评判价值，是什么感觉。

卸下伪装

　　我让玛丽去逛商场，但不许她穿着带 Logo 的衣服作为"保护伞"，来烘托她的价值。没了这些遮羞布，她坐立难安。当她穿着毛巾布运动服和旧运动鞋走进来，店员当然不会把她当回事。这也正是我想达到的效果。

　　那一整天，玛丽穿着这些不入流的衣服，在高端品牌店里闲逛。不出所料，确实没人搭理她。我特意让她熬了一两个小时，才放过她。

　　"当别人仅通过穿什么来评判你，你感觉如何？"

　　"太难受了。我觉得自己就没被当人看。真是让人气愤！搞什么？他们有什么了不起？凭什么趾高气扬？因为一件高级首饰？一双细高跟？一件羊绒毛衣？我不觉得他们有这个资格。"

　　"玛丽，我觉得你已经意识到了，任何人都不应该以貌取人。所以为什么你要用这套错误的标准来衡量别人甚至是自己呢？"每次玛丽购买一件带 Logo 的衣服，想让自己看起来像个人物，其实她和店铺里那些势利眼的店员没有差别。我希望她能明白，自己的价值不在于那些奢华的衣服，而是内在素养。

现在我们可以回到正题，看看衣橱里面的衣服孰去孰留。我向她保证，她可以找到很多没有 Logo、不出自大牌设计师之手的服装，那些同样可以让她美艳动人，更不会让她因此陷入债务深渊。其实这样的衣服，才是她真正想要的。

重新定位：以退为进

我们对衣橱进行了一次相对不那么肉疼的大清理，淘汰了一些过时的、没穿过的、浮夸过度的和 Logo 太雷人的衣服。接下来，玛丽会补充一些经典的基础款，来和衣柜中眼花缭乱的潮服搭配。造型师们常常会借用一些华丽的单品，让乏味的衣橱鲜活起来。比如，为普通的牛仔裤系上一根抢眼的腰带，给其貌不扬的半裙配上一双闪亮的鞋子。而玛丽的情况则不同，她需要的反而是给衣橱"降噪"——添置一些朴素的绿叶，作为限量版奢衣华服的背景。

分析完大清理剩下的款式之后，玛丽奔赴商店，寻找适合各种场合的简约款式。一开始她还是会不自觉地被奢侈品牌所吸引，但我还是尽力推荐她去一些平价的店铺，让她知道那里也有很多高品质的服饰。一开始，她死活不买账，不愿尝试这些普通的品牌。于是我同她做了个交易：她先去高端品牌店寻找一身装扮，然后我从普通品牌店照葫芦画瓢搭配一身出来，就像《平价女王》节目那样。玛丽挑选出一条阔腿牛仔裤，一件亮白的上衣，一双坡跟凉鞋，搭上香奈儿的珍珠山茶花项链，而我则从 Express，Limited，Forever 21 和 Zara 的商店里一一找到平价替代品。这样的练习让玛丽发现，原来在高端品牌和平价品牌之间，她可以自由选择，随心搭配，不做信用卡的奴隶也能光彩照人。

采购了一些关键款式之后，玛丽打算再次检视她的旧衣橱，为新成员腾出点空间。在她对新衣橱心满意足之后，我们就要开始考虑如何处理她的旧衣服。虽然我们扔掉了一些"无可救药"的款式，但其中仍然有一些可以找到一个新衣橱，或是另寻明主，成为他人的关键款式。

鉴于玛丽曾因为自己的奢侈生活而一度举债度日，她的衣服不宜白白捐赠。我建议她在 eBay 上出售。很多宝贝要么是复古款，要么是限量版，不仅不愁没人要，还很可能拍出比当时买入价更高的价钱。经过简短的拍卖课培训后，玛丽已经做好了卖货的所有准备。期间，她意识到，如果只是单纯眼馋某件奢侈品，她可以用极少的价钱买入二手货。

接下来的几周，玛丽不断尝试新的衣服，在网上做起小生意来，改变对他人和自我的错误看法，并准备好以全新的姿态迎接咨询师的回访。

"我感觉自由了！"

　　几乎每一位顾客在经过我的衣橱清理之后，都会说出这句话来。"欲擒先纵""简于形，繁于心""将欲取之，必先与之"——这些看似矛盾的道理，正道出了衣橱革新的基本理念。

　　"鲍博士，我发现这种自由不单源自衣橱的改变，还因为我已经摆脱了那些错误的自我评判。以前，我没有意识到这种评判标准的害处，直到后来别人也这样评判我时，我才知道这有多伤人，就像是有人在耳边不停地冷嘲热讽一样。"

　　经过这次，玛丽已经学会了辨别和减少从母亲那里学来的苛刻的自我评判。她承认，以前每逢不开心，就开始自我否定；而如今她学会了通过关爱自己来回击压力，自我否定的习惯也慢慢被瓦解了。

　　"虽然刚刚起步，但是我很高兴，你已经开始面对路上最艰难的一段了。"

　　很快玛丽便明白了，她穿在身上的所有名字中，她自己的才是最珍贵的。握拳而来，唯有自己，然而仅此一件，即是无价之宝。

轮到你了

找回理智

当我们坐在舒适的客厅里，看着电视上的明星光彩照人，穿着富有迷惑性的、让人垂涎三尺的设计师款，总是歆慕不已。这里既有最当红的真人秀明星，也有红毯上的提名新人，我们就算裹着浴袍坐在电视机前或是蜷在床上，也能为他们熠熠生辉的明星气息所迷醉，不知今夕是何年。这样近距离欣赏美人穿美衣，会给人的头脑带来幻象，让我们觉得，我们也可以拥有——或者至少他们拥有的，我们也应该拥有。不管银行卡里的钱够不够，生活方式与自己是否相符，还是会忍不住去消费。这就是经典的"她有我岂能没有"的陷阱。

当我们被自己洗脑，承认购买奢侈品牌的"必要性"之后，又一个陷阱紧随其后。习惯购买高端品牌，便会对高昂的价格逐渐麻木，心理学称之为"反应消退"。玛丽就是这样一个例子。每买一件自己承担不起的东西，受到的刺激会减弱一些，到最后，心理反应就消退了。

特定刺激会引起自然发生的反应。比如说，我制造一个噪音（刺激），你会受到惊吓（反应）。但如果这个刺激一遍又一遍地重复，人的反应就越来越小，随后就习惯化了。以下的例子可以完美说明这一理论。如果一个人住在医院附近，每天都听到救护车的鸣笛声，到最后他就适应这个声音了。另一些刺激本身不能引发自然生理反应，而是要通过习得产生反应，例如红灯。这种习得反应也会消退，当一个刺激不再能引发习得反应，也会发生消退。人们闯红灯就是这个原理。价签的作用机制也是如此。价签本身不能引发任何反应，人们通过习得而对价签产生反应。一般价格越高，人们越容易感到惊讶，购买的可能性越低。但是当人们一遍又一遍地购买昂贵的东西，这种惊讶感就渐渐减弱，最后不再对高价感到震惊。这个过程，是不是听起来似曾相识？

如何才能把大脑拉回现实呢？首先，从"她有我岂能没有"这件事开始。想一想，为什么你就非得拥有呢？你真的喜欢吗？你真的需要吗？那东西和你衣柜里的其他成员匹配吗？如果有任何一个回答是否定的，那就不应该购买。

在买那些不该买的东西之前，人其实是有感觉的。手心潮热，心跳加速，额头冒汗，但是你还是咬着牙假笑，潇洒地刷了卡。不要这样了！

另外，你还需要问自己另一个问题。如果那不是让你魂牵梦绕的明星，你会买这件衣服吗？如果不是你嫉妒的人穿着，你会买吗？如果你不是觊觎那个人的生活，你会买吗？如果答案是否定的，那就不要买。如果因为别人拥有自己也想收入囊中，到最后你必然对这东西失去兴趣。

如果对价格的麻木已经让你深陷财务困境，该怎么办？有几个方法可以帮助你找回理智。第一，找人和你一起逛街，尤其是能帮你把关价格的好朋友。我当年因为在高端品牌店里做销售，每天经手 500 美元一件的 T 恤和 1000 美元一条的牛仔裤，让我逐渐丧失了对价格的客观判断。想象一下那有多可怕！结果，我拉上了一个朋友。她买的 T 恤价格不超过 20 美元，牛仔裤价格不超过 50 美元。有她在身边，我就能在高低之间找到平衡。第二，可以到平价商店和打折店里逛逛。你会知道，同等质量的东西，可以便宜多少。第三，时常对比一下衣服的成本和价格。比如说，普通棉 T 恤成本非常低廉，若为此支付超过 10 到 20 美元的溢价，是十分荒唐的。

戒掉 Logo

我承认，我喜欢漂亮的东西，而且有时候这类东西是带有 Logo 的。我一般主要因为真的喜欢而决定购买，商标倒是其次；但总有那么几次，我会完全因为 Logo 而消费。换言之，如果不是那个品牌，我可能就不会买了。每个人也许都曾被名牌商标勾走过魂，即使是最时尚的人也不例外。不过，这是可以克服的。

如果你无法抵御 Logo 的魅力，就问自己几个问题：为什么喜欢这件东西？是喜欢其颜色、剪裁、多用性，还是印花？要是它上面不是这个 Logo，或者压根儿就没有 Logo，你还会买吗？这只是一件印有高端 Logo 的劣质残次品，还是真的质量上乘？这些问题，能让你反思自己买的到底是品牌，还是品质，并找出背后的原因。

摆脱 Logo 困扰的快手技巧

如果你也曾用身上的名牌填补自身的缺失，那么你对大牌 Logo 的痴迷可能有更深层的原因。但我很遗憾地告诉你，Logo 加持并不解决任何问题。刚刚买下一件新的名牌时，确实感觉通体舒畅，但也仅仅能维持到账单来临之前。比经济压力更糟糕的是，你的情绪可能因此触礁。这种通过外在支撑内在的方法，最终会事与愿违，让人失望。

美国遭遇次贷危机，就跟"打肿脸充胖子"的陋习脱不开关系。人们争相购买超出自己消费能力的东西，只为营造虚假繁荣的生活景象。以前，没有现金，完不成交易。信用卡出现之后，可以先买后还，只不过，要还的往往不只是本金。

如果你和玛丽一样，利用 Logo 填补内心的空虚，营造奢华的表象，那么，你需要自省一下，如果没有这些东西，你会是怎样的人？人应当把精力更多地放在提升自我价值上，不论是否有那些外在的添花之锦，内在都应该拥有足够的分量。

认识自己。面对自我时，人们往往做不到客观。虽然这个想法很戏剧化，但不妨设想一下，有一个降落地球的外星人。这一设想能帮助你看到自己的外在、精神世界、情绪世界和灵魂世界。把所有这些都考虑在内，这位外星来客会怎么评价你、形容你？现在，我问的不是你的观点，而是事实。真实的你，到底是一个什么样的人？

你是否遇到过这样的场景，别人的反应让你感觉自己好像不属于某个地方似的？一开始的时候，心花怒放，但无意间听到别人的冷笑或小声窃笑后，顿时觉得自己在打扮上肯定闹了大笑话。谁没遇到过这样的情况？因为某个人的上下打量，从而为自己的穿着打扮自惭形秽？面对一个总愿意挑剔别人的人，你可以想想她面对自己的时候是什么样。只要你对自己有清醒的认识，那么这种把自己的不安全感投射在别人身上的人也无法击垮你。只要你对自己的内在足够满意，就不会忙着去讨他人欢心。

每个痴迷于追求外物以让自己符合某个标准的人，如果没有外界的标记，便不知道自己是谁。如果你也是如此，是时候抛开工作、车子、房子，重新审视自己，找到自身的价值。拥有好东西固然美好，但如果指望搜罗这些东西来让自己看起来更好，只会适得其反。如果你知道自己是谁，最新款的铂金包和 Gucci 连衣裙都不能成为衡量你价值的标准；如果你知道自己是谁，你可以穿着平价上衣、休闲短裤和从超市买来的鞋子，坐在身着名牌的人群之中，自始至终悠然自得。

认清喜好。在这个被别人的意见轰炸的世界，发出自己的声音俨然成为一种奢望。如果有人告诉你，某位大师的新作是当下最创新、最潮流、最炙手可热的，对你来说真的是这样吗？如果那双鞋不是红底的 Christian Louboutin，你还愿意支付 1200 美金吗？

几乎所有的人都认为只要穿着"正确"的牌子、"正确"的颜色、"正确"的款式，就能够让自己看起来既成功又奢华，但事实上，这不仅会掏空你的钱包，还会留下一堆你并不真正想要的东西。

安徒生童话里有一则著名的故事叫《皇帝的新衣》。故事里，裁缝告诉皇帝，低等的人看不见陛下的新衣。尽管皇帝知道自己赤身裸体，但还是听信了裁缝的话，于是穿着"新衣"，去面见臣民。最终，是一个小孩拆穿了谎言，其他人才纷纷附和。你更像是忠实的臣民还是那个小孩呢？你是愿意随波逐流，还是独树一帜？你是真的喜欢刚买的东西，还是觉得自己应该拥有？只有弄清楚自己喜欢什么，才会知道自己该穿什么。

书写你的故事。如今的人们，花着大把的时间，为过往悔憾，为眼前压抑，却很少为未来憧憬。我始终相信，我们才是故事的缔造者。诚然，前路并非坦途，身体的病痛、人际的艰难和生存的压力，都是路上的阻碍，可是这艘人生之船的舵手只有我们自己。你希望驶向何方呢？

如果你正陷于单纯的物质追求，靠名牌来彰显身份，试着转移自己的注意力，放下空洞的追求，把精力放在书写自己的故事上。只要你做出改变，衣橱也会紧跟其后。想要遇见一个更好的自己，拥有衣服、食物、钱和陪伴还远远不够；为自己制定一个清晰的人生目标，然后去实现它，才是自尊的可靠来源。即使那个目标最终没有实现，但只要在这个过程中，付出努力，直面挑战，做出反思、调整，收获成长，你就能真正发现自己的价值所在，而不是在那些名品店的橱窗里。

实现自我。既然你重新认识了自我，洞悉了心中所爱，知道了自己想要什么样的生活，那你还在等什么？等着别人帮忙吗？每个人都有自己的一筐烦心事，家家有本难念的经，你的问题就要由自己来搞定。你是缺乏动力，等人推你一把吗？祝你好运吧！动力只有在行动开始之后，才会到访。还觉得自己没有搜集好全部资料？扔掉那些自助手册吧，时不我待，马上行动起来。

不要让外物蒙蔽了双眼，以为它会提升形象。外物撑不起你的自我。它只是幻象，而非你的一部分。你只是被它的把戏所蒙骗，觉得这些东西能让你光彩照人。靠买东西填补缺乏安全感的内心只会适得其反，还会让你越买越多。所以不要掉进这个陷阱了。如果你想就此戒掉只买名牌的习惯，请马上行动。如果你还想留着这些名牌，那也请暂时先把它们存放到一边。只有当你健康地接纳了自己之后，才能让别人的名字覆盖在你的身上，而不造成任何困扰。

让充满 Logo 的衣橱回归平衡

1. 禁令: 如果所有衣物都带 Logo, 搭配起来将非常困难。解决的第一步, 是给自己下一道禁令: 购物的时候, 可以买名牌, 但不能带任何品牌 Logo。

2. 清理: 这一步会十分痛苦。把所有带 Logo 的衣服拿出来, 最好放在床上, 可以感受整体的冲击。想象一下, 如果这些衣服没有 Logo 或不是出自哪个设计师之手, 你还会留着它们吗? 如果不会, 那就转卖或者淘汰。

3. 重整: 到这个阶段, 留下来的带 Logo 的衣服, 一定是你的真爱了。不过如果搭配得不好, 也会让人眼花缭乱, 可能会毁掉那套装扮, 乃至毁掉穿衣服的人。记住, 一身搭配里不能多于一个 Logo, 也不能全是一样的 Logo。通常的做法是, 挑一件带 Logo 的单品 (钱包、毛衣、鞋子) 和其他简约干净的款式 (深色牛仔裤、休闲连衣裙、茧型上衣) 来搭配。如果你胆子大一点, 可以把 Logo 也当作图案处理, 与碎花、条纹、相同或对比色调的图案进行搭配。要是拿不定主意, 可以找一个懂行的朋友或者专业导购来帮你。

4. 拍照: 照片总是最真实的, 让我们能够看清自己真正的样子。通过照片, 我们能够衡量一身装扮的平衡感、聚焦点、合身度和颜色有效性。记住, 拍好照片后不要马上就看。先放一个星期。距离感能够让你更加客观。

　　你的状态越好，穿着打扮就会越出色。如果老是嫌自己太胖，觉得自己太老，期望靠名牌或 Logo 让自己更有尊严，那么再好的衣服都不会让你大放异彩。回想自己状态最好的时候，照着那时的自己去打扮。当有人问你是谁设计的这身搭配时，你可以骄傲地承认："是我自己！"

第九章
回归自我

致为养育而忘却自己的迷失者

你肯定对这样的女性形象并不陌生——出行时大包小裹，常年穿梭于购物中心、游乐场、咖啡厅和学校之间。在人群中，你一眼便能认出她们——毛糙的短发、珍珠耳环、棉质高领衫和高腰或者不合身的牛仔裤，外加一双白到耀眼的休闲鞋。逢年过节，她们可能会换上富含节日气息的雪球耳钉或小兔耳环，或是穿上绣着礼物和焰火的 T 恤。她们的烦恼是慢性的、普遍的，往往和生儿育女相关。那天，我就碰上这样一位为子女过度牺牲自己的妈妈。

杰米来到我的咨询室的时候，面色枯黄，精疲力竭。她是两个孩子的母亲，几乎没有精力来应付自己那份全职工作，更别说顾得上她自己了。同许多母亲一样，她把孩子、丈夫和工作看作生活的一切，唯独没有把自我考虑在内。她的衣橱可能已经把这种舍己为人的生活模式展现得淋漓尽致。

"杰米，听起来你的衣橱简直是死气沉沉，它需要一次心肺复苏。"

"是的，真的糟透了！我老公一直对我的打扮颇有微词。他和孩子们还说跟我走在一起很没面子。要不是他们告诉我，我都没有意识到自己的衣着问题这么严重。"

杰米的家人比她本人更了解她的衣橱需要什么。她说，老公和孩子对她做的每件事都看得很紧，有时候还会给她列好当日的待办事项清单。我已经按捺不住，要去她那一团糟的衣橱一探究竟，结果确实如其所述——工装毛衣、休闲服、T恤、弹力裤、尼龙裤和洗得掉色的牛仔裤。

上班时，杰米总穿着胸前印有公司徽章图案的衣服，仿佛要让全世界看到她将以全部的血、汗和泪水支持她的公司。不给公司打广告的时候，她就会穿上带有女儿学校和兴趣班名称的运动衫、T恤和头巾。不是公司就是女儿，她把自己置身何地？

不是雇员，就是母亲——杰米的衣着也生动诠释了这一现状。她的其他身份彻底被淹没了。现在是时候坐下来，和临床治疗师一起，拨开层峦叠嶂，找到杰米的本我。

放弃自我检查清单

☐ 你是不是很久没为自己买东西了？

☐ 你是不是很久没为自己买衣服了？

☐ 当你去购物时，是不是基本上都在给别人买东西？

☐ 给自己买东西会不会觉得有点罪恶？

☐ 你是不是已经不再关心自己的形象了？

☐ 是否觉得早晨时间紧张，没有空闲去好好打扮？

☐ 是否觉得打扮很耗精力？

☐ 是否有一些衣服，是你曾经决定再也不穿，但后来还是
　　继续穿的？

☐ 你的睡衣、家居服和日常穿着是不是没有差别？

☐ 你觉得穿得舒服比穿得好看更重要？

☐ 你是否会根据孩子的喜好来穿衣打扮？

☐ 你是否会根据伴侣的喜好来穿衣打扮？

☐ 看着年轻时的照片，有没有怀念那时候的自己？

☐ 你希望做回当年那个她吗？

☐ 你是不是很少有私人时间？

☐ 你会不会因为拥有属于自己的时间而感到罪恶？

☐ 当你在享受属于自己的时间时，是否还总是记挂着家人？

☐ 你会不会因为惦记着他人的琐事而无法入睡？

☐ 你是否抗拒照镜子？

☐ 你是否已经很久没有再做以前的那些梳妆保养工作了？
比如，做头发或者熨衣服？

☐ 你希望穿得时尚一点吗？

☐ 你是否觉得自己已经忘了怎样去穿得时尚，所以总是犹
豫不决？

☐ 你是否觉得自己的穿着打扮落伍了？

☐ 你是否羡慕那些有了家庭还能保持时尚的女人？

☐ 你是否觉得自己早已过了追求时尚的年纪？

　　如果大多数问题的答案都是肯定的，你很有可能为了家
庭把自己抛在脑后了。把一切都给别人，没有一点保留，这
种生活方式并不健康。在本章中，你将有机会审视失去的自
我，重建自己，再为全新的自己配上一柜子的好装备。

找回失落的自我

女人似乎天生就有滋养他人的基因。就算没做过母亲，我们也会乐于照顾朋友、家人或者其他重要的人。目前我们依然不确定，这是与生俱来的，还是后天习得的。

然而，有些女人已经深陷关爱者的角色无法自拔，完全牺牲了自己的需求。我相信，女人们这种完全奉献自我的愿望，多半始于初恋。大多数人的初恋都发生在青春期。在那一阶段，我们不仅认知自己的身体、思想和情感，还初识了自己在恋爱中的角色。

幼年时期，父母会给我们穿衣打扮。长大一点后，我们认识到自己可以在穿着上有一些选择权了，但也意识到穿粉红色的芭蕾短裙去教堂做礼拜肯定会被驳回。隐忍多年，后来我们终于获得了穿衣的完全自主权，可以尽情犯下自己想犯的穿衣错误。也正是这个时候，爱情来了。

一开始，你按照自己的喜好——T恤、牛仔裤配休闲鞋。与此同时，你的小男友会时不时发表意见，他喜欢女孩穿连衣裙。一起吃晚饭的时候，你发现他的眼神却总是被那个穿着粉色荷边裙、小麦肤色的女孩吸引。反观自己，就穿了一件衬衫配卡其裤来约会。不安来袭，你开始对这种不知是客观存在的还是想象出来的威胁感到恐惧。那样的女孩不止一个，你要怎么拴住这个男人的心？你下决心要改变一些东西，只不过这一次，改变的对象是你自己。

自此开始，你就一只脚跨进了自我牺牲的大门。你放弃了舒服的穿着，穿上你以为男友会喜欢的衣服。你买下一条条少女色连衣裙，一周七天拼成彩虹；你忘记了酸痛的膝盖，穿上一双双十厘米的高跟鞋；你开始梳妆打扮，涂脂抹粉。他会注意到吗？这样做会锁住他的心吗？结果他的反应是：

"哇，你换风格了啊！"

你先是一愣，睁着一闪一闪的大眼睛问他："那，你喜欢吗？"

"嗯，挺好啊。就是有点不一样。"

"你什么意思？我以为你会很喜欢。你不是说喜欢连衣裙吗？我都穿了！你什么意思？你到底要我怎么样？"

男友被问得猝不及防。回过神来，他解释道："我要的是你啊。打扮成这样的你，还是原来那个你吗？"

多么痛的领悟啊。你自以为是在给予男友他想要的东西，但是一开始吸引他、让他不离不弃、真正想要的是你啊！

如果我们有幸拥有带来积极影响的初恋，双方早期的相互信任和尊重，能够让彼此保持自我，不管是优点还是缺点。即使是面对最温柔、最包容的男性，女性也很难克制去取悦他的欲望。你去听他爱听的歌，去他想去的地方，为他打扫公寓，花时间去了解他的爱好。按照对方梦中情人的方向打造自我，一开始或许会让男人感动，然而这种新鲜感总会随着时间消退。最开始的情人滤镜消失之后，双方要么摘下面具，露出真面目；要么一方就得牺牲到底，自此附属于对方。

面对女人的牺牲，有的男人被吓跑，有的男人则会为此吸引。不管男人反应如何，女人为了寻找爱情而伪装自己的故事，不应当像今时今日这么普遍。

失去自我的过程往往来得悄无声息。在一段关系中，这种失去总是始于一些细小的决定和取悦对方的念头。在我们意识到它之前，原本主动的决策就已经成为下意识的习惯，而且总是要等到一段关系结束之后，才会清醒。但失去自我的倾向并不会随着初恋的终结而结束。我遇到过太多的贤妻良母，除了相夫教子之外，不知道自己到底是谁、要干什么。后来随着孩子离开家去上大学，自己也临近退休，太太们才恍然记起，曾经的自己，早已同孩子的玩具一起在床底下尘封多年。很多客户，都需重新找回自我。

要找回自我，你必须要敢于承认自己失去了什么，现在是怎样的人，最初是如何失去自我的。

而找回自我的路上，我借助的第一个锚点，往往是衣橱。在那里，我们能触到被遗忘的过去、逃不掉的现实，以及拥有无限可能的未来。

案例研究

杰米的故事
——女为悦己而容

现在，让我们把话题聚焦到杰米身上。她过去是怎样的人？衣橱虽然整洁有序，但没有一丝年轻时的痕迹，好让我一窥她的蜕变历程。于是我问她，以前的衣橱和现在有什么不同。

"那时候，我肯定不会只穿牛仔裤、T恤和衬衫。"她笑着说，"我常选柔软的面料，比如丝绸、雪纺，但当妈之后就不能再穿这些了！我也喜欢露出手臂和腿部的设计。谢天谢地，我身材保持得还不错吧？但我现在不能露胳膊露腿了，得让自己更像个妈妈。当妈的人，穿得太性感总是不合适的，再说，我要穿着露骨，孩子和丈夫还不得杀了我？"

我们把衣服梳理了一遍，留下一些必备的，比如上班穿的衣服以及陪孩子玩游戏、去健身的装备。其余的，像绣花七分裤、弹性牛仔裤和印花T恤，都送到当地的二手店了。

"杰米，这里有什么东西能代表婚前的你吗？"

"没有吧。这件约会晚礼服可能勉强能算，有些女人味。奇怪的是，每次和丈夫、孩子在一起的时候，只要穿点有女人味的衣服，我就会浑身不自在。可是，他们也不喜欢我现在的打扮。"

我指着放在地上的衣服问她："所以，衣橱是怎么变成现在这样的？"

"每次穿点出彩的东西，我就觉得很别扭。当我尝试的时候，家里大的、小的都会用那种眼神看着我。"

"这么说来，当你想要像过去那样打扮时，会受到阻力；像现在这么打扮来配合他们，他们也不满意？"

"是的。我觉得他们对我很失望。"

"看起来你很想成为他们期待中的样子，但真正的你却是另一个样子，是吗？"

"对对对。我想做个好母亲、好妻子，但那不是'杰米'真正的形象。我不想让他们失望。要做贤妻良母，就只能暂时把'杰米'搁置在一边了。"

这种想法非常普遍。即便家人对她很支持，也会出现这种现象。一方面，家人看出来你需要帮助，想让你有所改善，但另一方面，在女人自愈的过程中，家人又往往对这种改变极不适应。他们抗拒这种变化，是因为他们抗拒随之而来的家庭结构、角色、互动方式的改变以及由此产生的新的期望和需求。杰米的家人需要一些时间，来接受她带来的改变。但有了杰米的理解和保证，相信他们可以做到。

我告诉杰米，有一个两全其美的办法，让她既不失去自我，又能做好贤妻良母。我们把衣橱改造放在一边，先想想如何把现在的自己和过去的自己连接起来。于是我问她，现在是谁？

"显而易见，尽职尽责的贤妻良母。"

"那过去呢？"

"过去的我？这个问题很难回答。"

"有没有过去的相册、年历和剪贴簿，可以拿出来给我看看？"

她翻遍了一本又一本的旧相册，模糊地回忆起了婚前的自己。有段时间，她特别喜欢海滩，对室内设计也颇有兴趣。她还曾经是一个说走就走的背包客，足迹遍布巴黎、米兰和阿根廷，还曾把成箱的当地流行时装带回家。但这些兴趣同老照片一起，被深深埋葬并遗忘了。

有了丈夫和孩子，杰米还可以挽回她自由的灵魂吗？也许有个方法能找到答案。我问她，她现在是谁，做什么工作，日常生活是什么样的。

行事历是她日常生活的最佳记录者。翻看之后，我发现，她把工作以外的时间，大多都奉献给了孩子。确实，她不再像从前一样，拥有那么多的空闲时间，但是如果稍作调整，还是可以让她的生活更加平衡的。

"我们一起看看你的时间表。上午你主要在工作，下午大多是参加孩子的活动。傍晚和周末，在孩子出门后，你有一些空闲的时间。安排出时间休息、午睡或放空，这很重要。但每周，我还想为你安排两个时段，让你发展一下自己的爱好。"

我举双手同意家长花时间在孩子和另一半身上。有了孩子，就有责任抚养他们。帮助他们学习、发展爱好、社交互动是家长职责的一部分。然而，如果把所有时间和精力都放在孩子身上，缺乏对自己的照顾，也不会是一个健康的家长。

经过东挪西凑，我们终于在杰米的时间表上腾出了一些时间段，接下来是填空题了。一开始，她还是找不到任何与丈夫和孩子无关的爱好和活动。深思熟虑之后，她总算挖掘出一些时间，列出了自己的兴趣并做好相应的计划去发展。同时，她还获得了家人的支持，让她合理利用属于自己的时光。她购买了室内设计的书来自学，安排好时间去跳蚤市场和古董店，并开始着手研究和计划全家旅行，奔赴自己曾经梦寐以求的地方。

自此，杰米重获生活的活力和激情。她已做好准备，处理掉衣橱中的妈咪装，并化解家人的阻力。

重新定位

人并不是单一维度的物种。贤妻良母只是女人诸多身份中的一部分而已。然而不幸的是，女人通常选择无视其他部分的自我，将其打入冷宫，任其慢慢消失或逐渐萎缩。

要让杰米重新全方位审视自我，就要找回她从前的爱好和激情。她本就不只有妻子和母亲的身份——她还是妹妹、女儿、朋友、情人、海滩拾荒者、旅行者、占星师和梦想家。这些年来，贤妻良母之外的自己一丝一缕地枯萎，衣橱也步其后尘。那个曾经风情万种的女士衣橱，如今变成了性冷淡的妈咪柜。

随着杰米慢慢地触碰到一度消逝的自我，衣服的风格也随之变化——她开始厌倦了网眼布、疯狂拼布图案和水果花草形状的扣子。这些东西不适合她了。穿着这些东西，就像穿着另一个人的戏服。杰米是谁，不再由衣服定义。经过这次内心洗礼之后，她要找到能展现全新自我的装扮——既能同年轻的杰米无缝衔接，也能满足当前身份的需求。

婚前的杰米倾心于性感且有女人味的衣服，现在的身份则要考虑家长会和孩子足球赛的需求。年轻的杰米喜欢穿丝质服饰，现在的杰米偏向无需费心打理的布料。过去的她骨瘦如柴，有着傲人的小蛮腰，现在的她更强壮，因为生过孩子，小腹微凸。一起购物的时候，我们同时考虑了这些要点。

最终，我们选择了简洁精致的剪裁来凸显她的身材，同时运用柔和的色调来烘托女人味。我们约定：带 Logo 的休闲服和大学 T 恤衫只在孩子有比赛的时候才穿；而作为交换，平时她需要经常穿船领的上衣和可以水洗的丝质衬衫。原本绣着动物图案的彩色灯芯绒裤子和木底鞋，则换成了阔腿裤和厚底坡跟鞋。这次改头换面让杰米一举从大妈变成了辣妈。

重新定位的最后一步，是要把焕然一新的杰米介绍给她的家人。对她来说，这是最关键的一环。如果她的家人不能接受她的新形象的话，她还会缩回原样。家庭成员，尤其是孩子，最难接受母亲的外在变化。孩子越小，越会觉得发型和衣着的改变意味着内心的改变。我对弟弟最早的印象之一便是当妈妈把长发剪成"波波头"时，他对"新妈妈"那一脸的不解，他认为妈妈改变的不仅仅是发型。

对变化的恐惧源于人在认知发展过程中对恒常性的理解。在婴儿眼前，把一个东西移开，他会理解为那个东西不复存在；长大之后，他才能理解，那个东西依然存在，只是不在他的视线之内了。将这一理论进一步应用到家庭，你会发现，当母亲去上班时，一开始孩子会大哭不止，以为母亲不会回来了。直到后来，他意识到妈妈每次出去后都会回家，才理解她不会离开。

杰米的丈夫和孩子也受到恒常性的影响。过去，杰米每次想转型，丈夫和孩子都会觉得，即使那个人还在眼前，也不再是之前爱着的妻子和妈妈了。此次转型前，我先给杰米打了预防针，提醒她尽管转型的要求是家人提出的，但面对杰米的新形象时，他们可能一开始会排斥，所以要做好心理准备；只要过几天，他们就会发现，他们所熟识、所爱的贤妻良母并未消失，只不过是换了个"包装"而已；他们还会发现，尽管她花时间去实现个人成长，探索自我，人的本质依旧不会变。杰米的家人是否会接受她的转变，需要时间来给出答案。

一个月之后，我决定去回访，看看杰米一家是如何处理杰米的转变的。

"一开始的两周挺难熬的。他们虽然喜欢我的新扮相，但仍对过去的我念念不忘。我按照你的建议不断向他们保证，我还是过去的我，只是更美一些。"

"那他们是否适应了你内在方面的变化呢？"

"说来奇怪。我给自己留出时间，培养爱好，改善心情，学会放松，他们都非常适应。他们甚至还鼓励我去做喜欢的事情，因为发现这样我心情更好了。可是，外形上的变化反而是他们最难接受的。"

"这种情况是正常的。外在的一切最切实、最明显也最容易衡量。"我告诉她，"但你的家人很难意识到他们是如何从中获益的。内在的改变虽难以衡量，但他们能直接感受到与你的关系得到了改善。现在，你感觉如何？"

"我以为自己会变成另一个人，但实际上没有。我感觉自己是一个升级版。正如你所言，这不过是'新瓶装旧酒'而已。有一部分自我曾像秘密一样被压抑了好久，如今释放出来，酣畅淋漓。"

轮到你了

做妻子和母亲的人，向我抱怨最多的就是"失去了自我"。我一般会回复她们："那你就找回来！"找回自我，是生为人母的头号职责。为人妻为人母，想给自己腾点时间看似不大可能，但还是要做到。只有这样，女人才有更好的状态。

就像我之前引用的飞机上戴氧气面罩的例子一样——为别人戴上面罩之前，先得把自己的戴好。

给自己留出点时间，并不意味着放弃责任。就是抽个十来分钟，看看杂志或喝杯咖啡，冥想，拉伸，出去透透气或涂个指甲，再不然还可以为当天弄一套漂亮穿搭。你要最大限度地利用好属于自己的空闲时间，犒劳自己。随着孩子不断成长，需要的关注降低，你可以把更多的注意力放在自己身上。如果你把自己的一切全都迷失在母亲和妻子的角色里，那么你也注定会在家庭生活中迷失。

在抚慰自己的众多方式中，最简单的一种就是打扮自己。即使你日理万机，只要衣橱布置得当，穿得好看只需要五分钟。而且，花一点时间打扮的回报是杠杆式的。穿上一身棉质连衣裙和一双别致凉鞋，花费的时间可能比穿休闲服和休闲鞋的时间还要少，却能带给你一整天的收益。早晨，留出五分钟的穿衣打扮时间，享受那份平静和轻松，接下来的一天你都会像早晨镜子里的人一样，自信溢于言表。你既然这样珍惜自己，别人也会对你高看一眼，丈夫和孩子更不会错过你的美丽。而这些引发的自信，反过来又会鼓励你继续穿得更美。心理学家阿尔波特·班杜拉用交互决定论 [21] 解释这种人、其行为和与环境之间的相互作用。他认为，三者之间的影响是三向双边动态的，它们互为因果、彼此决定、互相影响。

好榜样不仅仅在衣橱里

首先，知道"你是谁"是自我发现的首要含义。从与别人的交往中了解自己的边界、信仰和喜怒爱憎，是自我发现的第二重含义。自我发现的第三重含义，则是能让别人通过观察你来发现他们自己。这是一份沉重的职责，尤其是做家长的人，更要严肃对待，因为你的孩子会通过你来逐渐认识和理解自己。

家长们都希望自己的孩子自信、自爱、自尊。根据我对前来咨询的家长的观察，那些询问如何培养孩子实现上述目标的家长，和那些孩子即使拥有爱和支持、仍然自我感觉很差的家长，其实是同一拨人。要帮他们找到答案，需要将问题溯源至这些家长本身。比如，一位母亲每天不停地抱怨自己肚子和屁股上的赘肉，却好奇9岁的女儿为什么会厌恶自己的身体，想要减肥；一位父亲成天忙于工作，却好奇为什么孩子"怎么都做不好作业"，要在上面花费好几个小时才能写完……听起来是不是很耳熟？

你大可就希望孩子认可和热爱自己展开演说，可是如果你不身体力行，孩子就很难买账。孩子是一种既聪明又复杂的动物，会通过临摹和效仿进行学习。他们早就把你的言行复制下来了。

个性的形成也是如此。如果女儿总是眼睁睁地看着你一次次地牺牲自己，取悦他人，那么她也会有样学样。你如果想要教她成为一个有界限、有信念、有价值的人，一个敢穿 12 厘米高跟鞋的人，那么你自己首先要把这些东西坚守好。

你的女儿会注意到那些你留给自己的时间，特别是留给自己好好打扮的时间。她们会跟随你塑造自己的行为，关注你为提升外在付出的努力，而不是那几句信誓旦旦的空话。身为母亲一定要注意，自己每时每刻都在向女儿传递着信号。长大后，她就成了你。如果你希望她将来做个自爱而且会打扮的妈妈，那你现在就要身体力行。

人生楷模

我的母亲对外表非常在乎，而且擅长此道。就算当年在给地下室刷墙时，她也穿着一身丝质西装。受我外婆的熏陶，她总是穿高跟鞋，戴别致的首饰、珠宝，画全妆。牛仔裤、平底鞋、休闲鞋等物件从不是她的选择。直到去年，她才第一次买了条牛仔裤，还是镶了珠子的。

记得很小的时候，在我们的第一个家，我坐在她的梳妆台下面。在亮白而梦幻的灯光中，我注视着她一笔一笔地围绕着摄人心魄的深色眼睛涂上绿色的眼影，系好彩色蜥蜴皮高跟鞋，手法娴熟地将玳瑁发饰插在头发上。在那之前，我对"母亲"的概念就是给我喂吃的、帮我换尿片、带着我跳舞、摇着我睡着的一个人。但是经过她这不经意间的梳妆打扮，我意识到，如果母亲还有另外的一面，那我也要有这样的一面，而这一面同样值得呵护。这一课对我的意义，是任何说教都无法比拟的。镜子映出温暖的光，母亲瞥了眼梳妆台下的我，把我搂入怀中。同这个选择做我母亲的美丽女人共享梦幻般的一刻，我至今深怀感激。

重拾自我的快手技巧

挖掘历史

内在："你"的概念远不止你本人这么简单。"你"这个存在，既不以你为始，也不以你为终。你是更宏大故事的一个篇章，开头和结尾不过是历史的一个瞬间。你是千百年来人类 DNA 构造的一串物理表达。你的自我安慰、人际交往、情绪反应等内部感受，都并非由你而生。它们是由环境创造的，尤其受到父母以及同辈行为互动的影响。所以说，要真正认识自己，不能只审视自己。你需要继续挖掘，层层向下，追溯你的历史。

与亲朋好友畅聊过去，翻阅老照片、信件和旧时日记，都是回首人生历程的好方法。如果你的过去不堪回首，可以寻求专业人员帮助处理信息，找到突破点。如果你因为被人收养、曾经流离失所，或其他创伤而没有过去，可以尝试调查，看能不能找到任何信息。如果过程太过痛苦，请寻求专业人士的帮助，撬开过去的门。

外在：你不仅能从自己的穿着中获取不少信息，也能从周围人的打扮那里学到不少。譬如，找出一张昔日的全家福来一探究竟。我对自己外公的记忆很模糊，但从照片里就能看出个一二。照片里的他要么穿一身西装，要么一副户外打扮，那么他的工作应该是高管，多半喜欢运动。他应该很享受挑战和竞争，乐于与人打交道。这么一来我母亲善于与人交流和喜欢挑战的性格就更说得通了。而我自己对挑战的喜好，也很好理解。你看，只翻看了外公的相册，就能获得这么多信息。

分析不仅仅局限于照片。我从事衣着心理学的灵感，就来源于外婆的衣橱。外婆的故事，大多都可以从那个神奇的小柜子里挖出来。我顺藤摸瓜，对我妈妈以及自己，都有了更多的理解。所以，通过身边亲近的人的衣服、首饰、鞋子等物件去了解她们，最终能让你更加了解自己。

认识当下的自己

内在：我的很多客户是青春期女孩。她们也是我最喜欢的顾客群体。与她们交流的时候，我很喜欢借用"身份盒子"这样一个游戏。规则是这样的：我把与她们身份相关的私人题目分别写在一张纸条上，折起来，放进盒子，让她们随机抽取，回答问题。通过这个游戏，她们可以讲述自我，认识自我。更重要的是，她们会发现此前对自我的了解是如此浅薄。每一个无法解答的题目，都会促使她们去挖掘那个未知的区域。

对自己知之甚少，不仅仅是青春期少女才有的问题。我曾经脑子一热，想去争取在 OWN 网络做脱口秀的机会。虽然当时没空申请，我还是认真思考了申请时需要回答的那些问题。其中有一项要求是填好一摞表格，表格中的问题涉及梦想、成就、缺点和天分，等等。我一度认为，自己怎么说也是个心理学家，肯定对自我足够了解。然而，面对这些问题，我还是难以落笔，发现对自己知之甚少。

生活中有很多类似这样审视自己的机会。比如，在 Match 或 eHarmony 这些相亲网站上注册，就需要填入个人资料，那就是一个探索自我的过程。另外，我推荐苏珊·皮尔的《在说"我愿意"之前必须要问的 100 个问题》[22]。尽管这本书是写给婚前的情侣看的，但是那些问题对很多人都有参考价值。此外，还有一个办法是"写讣告"。想象讣告中的描述，那就是在诉说"今天的你是怎样的人"。

外在：内在只是自我探索的一部分。你向自己和这个世界展现什么形象，也会告诉你自己"你是谁"。你依然可以回看过去的照片，看那时的自己是什么样的。比如，在 20 世纪 80 年代，打底裤和发圈，紧身卷边牛仔裤和爆炸式卷发，现在回看，可能都会忍不住发笑。也许其他人还追过 90 年代的垃圾摇滚，70 年代的迪斯科或新千年的情绪摇滚。只要看看那时候的装扮，我们就能知道自己曾经是什么样子，又是如何一路走来，变成今天的自己。

穿着的风格能够很大程度上体现人的内在状态和生活方式。如果你曾经厌恶自己的身体，你可能经常包裹得严严实实。如果你崇尚自由与冒险，你的衣服则会体现出内在的自信。如果当时经济出了问题，常穿复古款就不足为奇了。如果那时恰逢初入职场，你可能无时无刻不穿着正装。

审视每一次衣着风格的改变，都能发现成长过程中的一些重大转变。当我变得自信时，我的形象也会发生变化。翻看我的照片，可以看到我的衣着从白色衬衫、牛仔裤和圆领麻花针织衫，逐渐换成了前卫的连衣裙和时装鞋。开始恋爱时，我则更偏好色彩斑斓和能凸显身材的衣裳，而且每次约会，鞋跟就会高个几厘米。你可以好好梳理一下自己的风格进化史，搜寻重要的人生地标。相信我，它们肯定存在。

冒险

内在：常言道，不逼自己一把，你永远不知道自己的极限在哪里。当我们问自己"某种情况下，你会怎样做"时，永远也不知道假设的答案和实际的是否一致。就像我现在说自己不会伤害任何人，但若我爱的人受到伤害，也很难保证我不会破戒。

没有人希望落入痛苦的境地，失去挚爱、倾家荡产、离婚失业。然而，也正是这些特殊时刻，让我们更看清自己，认清自己的极限、优势和劣势，明白自己有多么聪明、多么独立自主，也了解到友情的真实深度。

我知道，人生已经充满压力，犯不着为了"发现自我"而自找麻烦。不过，我们仍可以偶尔设置一些小挑战来锻炼自己，不断成长并了解自我。参加一次马拉松，主动做一次公开演讲，参加一门新的课程，试着去挣脱自己失败者的形象，这些小任务都有助于我们发现真正的自己。

外在：当新鲜的刺激不断出现，我们就能渐渐适应，不再关注曾经使我们烦恼的事情，比如从早到晚听惯了的窗外的建筑噪音，也不会那么让人心烦了。穿着打扮也是一样。一次形象转变，就是探寻自我最简单的方法；一套新的行头，就能够刷新自己和他人的认知，无论消极还是积极。

尽管每个人的性格和生活需求会决定其更新形象的频率，但我依然建议，至少每年主动做一次转变，比如趁着生日或纪念日改变造型。造型的变换也可以成为你新年新气象的一部分。如果不愿意硬性规定自己每年做出改变，至少可以对自己做一次复盘。是不是连续两年的照片看上去没什么变化？早晨穿衣打扮的时间是不是逐渐流于形式了？有没有开始不喜欢照镜子了？如果是，那么就应该做出调整。

你肯定知道，在面对挑战的时候，人会作何反应：心跳加速，手心出汗，牙齿打战……强撑笑脸！试着去经历一次吧，就算只是在穿着上冒个险，也能帮人脱离惯性。穿上鲜艳的衣服，扔掉腰带，多露点腿。去试试让人害怕又兴奋的事吧，你的镜子会感激不尽！

妈妈衣橱快手技巧

如果你的时间有限，杂事繁重，那么可以参考以下几个建议，让生活从此简单。

• 不要穿容易染色的衣服。如果孩子还小，那就不要买不好洗的衣裳。如果必须要穿需要打理的衣服，就请交给可以负责递送的干洗店来处理。出门时，随身在包里或汽车前排杂物箱里放好去渍笔和湿纸巾，以备不时之需。印花的衣服非常好打理，因为就算染色也不容易看出来。

• 许多名牌也会推出可机洗的面料款式。只要用心，就可以在网店和门店中找到。前往大的百货公司去咨询专业的导购，他们会教你如何选择易清洗的品牌。

• 不要在处理衣服褶皱上浪费时间，尽量挑选抗皱的衣料。有些面料虽然理论上需要熨烫，但是如果在烘干后立即挂起，也不会起皱。

• 试试弹性材质。东跑西奔，抱着小孩忙上忙下时，你肯定不希望被衣服所束缚。如果你有点丰满，或某些部位赘肉较多，那么弹性材质还能有效掩盖掉这些问题。

• 放弃繁文缛节，轻装上阵，尽量保持简约的风格。这时候就别急着穿 12 厘米的细高跟鞋，别戴多层手镯，放弃领带和多排扣吧。尽量选择容易穿脱的衣服，减少衣饰对活动的干扰，让自己保持舒适。

• 别忘记性感。别把妈妈不当女人！妈妈也还是要打扮得漂漂亮亮的——颜色仍可以鲜艳！耳环也需要别致！金属色针织衫、印花长袜、修身鱼尾连衣裙该穿也要穿！适当秀出美腿纤臂，展示翘臀，让乳沟若隐若现。

• 寻找刺激。在前面的建议中，我都建议你出安全牌，便捷至上。然而有时候，可以给自己留出一点冒险的机会。多去看看时尚杂志和博客，从中获得灵感，选出两三套中意的搭配，穿去约会或是参加闺蜜时间。

每个女人一生都有无数个身份——学生、女儿、职员、上司、运动爱好者、艺术家、妻子和母亲。但把这些角色串起来的线索是你自己。不论什么时候，都不要让自己迷失在忙碌的生活之中，更不要迷失在自己的衣橱里。

接下来呢？

我们的穿着心理学之旅即将到达终点。如果这本书能让你有一丝触动，我希望你至少能意识到，衣橱装载的并不仅仅是衣服，还有你的故事。在这处狭小的空间里，你可以窥见自己的昨天、今天和明天。

通过衣橱分析，你会发现，要创造更美好的生活，你还可以做哪些改变。当你花费时间和心力，对生活中像衣橱这样的细微之处做出调整后，其他方面的改善也会接踵而来。相信我，你值得被呵护——精神上、身体上、衣橱里，都是如此。

经典电影《玛咪姑妈》中的女主角拥有出挑的衣品和充实的人生。我特别认同她的一句台词："人生本是一场饕餮盛宴，可惜大多数可怜虫愣是不懂享受，最后成了饿死鬼。"不要做四处游走的饿鬼了。在人生的旅程中保持渴望，大快朵颐。当然别忘了，每次赴宴前，要闪亮登场！

附录
APPENDIX

如何进行
自助衣橱分析

截至目前，你已经通读了本书，并学习了我列举的案例，但愿你已经掌握了一些有用的信息，摩拳擦掌，跃跃欲试，迫不及待地要对衣橱和生活做一次大型改造。虽然专业衣橱治疗师确实需要正规的心理学训练，但是你完全可以利用下面这个 DIY 指南迈出改变的第一步。在这个过程中，你可以和朋友或互助小组结伴，一起来见证这场变革的魔力。

下面就是 DIY 衣橱革新五步法，助你完成自我变革。

衣橱分析：

1. 自查现状
2. 制定规划
3. 做出改变
4. 继续探索
5. 展望未来

自查衣橱的存货现状：首先，要拨开表面的迷雾，深入分析，找到规律。衣服是否合身？是否与年龄相符？有没有从未穿过或已经过时的衣服？

其次，识别引发特定穿衣模式的心理原因，在表里之间建立联系。生活循规蹈矩、毫无新意？受困于身材问题？衰老引发恐慌？发展停滞？陷入倒退？生活充满遗憾，毫无成就感？除此之外，我们也要留意每一件衣服所引发的情绪。

规划出理想的衣橱和生活：这个步骤由两部分组成。第一步是制定人生目标。你想成为怎样的人？想达到怎样的位置？希望拥有怎样的成就？希望做出哪些改变？我最热衷于提出的问题是：你用什么标准判断自己的生活圆满无憾？

第二步是构建出理想的衣橱。首先检查当前的衣橱能否满足你的理想生活和个人风格。在这个过程中，你可以借助一些穿搭攻略来收集灵感。此外，请根据你的身形、肤色、生活方式和经济状况，盘点衣橱，查缺补漏。

哪些需要淘汰，哪些需要保留，哪些需要添置：毫无疑问，真正下手改变的那一刻是最让人为难，也最让人兴奋的。人们很难去讨论"改变"，计划"改变"，但也无须将其妖魔化。正是这一步，搭建了通往理想衣橱和理想生活的桥梁。从前文中，你可能已经了解到，衣橱和生活是相辅相成、相得益彰的。如果你的衣着采购不能满足理想生活，或不去践行计划做出改变，奇迹永远不会发生。因此，在规划改变的步骤前，你必须想清楚，每一处改变背后的动机。

制定全新的人生和衣橱计划之后，就可以开始查缺补漏，完成这份心理学"作业"了。

对改变进行反思：查缺补漏、制定计划、参加新活动……这一切开始时，让人心旷神怡，但是接下来几天，可能就另当别论了。穿着和生活的改变可能让你难以招架，紧张恐惧，疲惫不堪。学会记录和反思，在任何改变中都至关重要。

在帮顾客做完咨询后，我会提出下面几个问题。你也可以扪心自问：在改变之前、之中和之后，你自己感受如何？哪些过程如鱼得水，哪些让你手足无措？穿上新衣服的体验如何，别人对此有什么反应？你如何应对他人的反馈，又如何回应自我的心声？

一到两周之后，重新思考上述问题。你的答案可能已经发生变化。从我服务客户的经验来看，大多数人到这个阶段已经怡然自得，渐入佳境。

最后一步：审视衣橱和理想生活之间的差距。这也是制定未来计划的好时机。未来计划包括短期和长期目标，也包括实现目标的每个步骤。此外，我还强烈建议你为自己可预见的问题准备应急预案。

衣橱分析

自查现状：自查衣橱的存货现状，思考每一件衣服存在的原因

外在

- 审视衣橱的存货内容。
- 梳理穿着的行为模式。

内在

- 思考选择这些衣服的原因。
- 感受衣服所激发的情绪。

制定规划：规划出理想的衣橱和生活

外在

- 描摹全新人生所需的理想装扮。
- 认识自己的身形。
- 了解自己的肤色。
- 界定自己的生活方式和穿衣场合。
- 衡量自己的经济状况。

内在

- 确定自己的人生阶段。
- 锚定想要达到的目标。

做出改变：哪些需要淘汰？哪些需要保留？哪些需要添置？

外在

- 清理衣橱。
- 识别需求。
- 添置暂缺的衣服配饰，填补空白。

内在

- 厘清哪些因素能促进你的风格转型。
- 执行计划，迈向目标。

继续探索：对改变进行反思

外在

- 评估本次衣橱革新。
- 审视外在身份变化。

内在

- 审视外在变化所引发的情绪体验。
- 消化内部变化。

展望未来：下一步呢？

外在

- 思考当前需要添置的单品。
- 列出未来需要补充的单品。

内在

- 判断未来的长期目标。
- 预见途中的内部障碍。
- 思考移除障碍的方法。

简易衣橱分析示例

X 小姐今年 30 多岁，脱产读书。回到学校之后，她生了一场大病，经济状况堪忧，还长胖了不少。

自查现状：自查衣橱的存货现状，思考每一件衣服存在的原因

X 小姐的衣橱充斥着用来遮掩生病所带来的增重问题的大码服装。具体来说，她的衣橱存货表明她对自己的巨乳很有自知之明。

她的衣橱里堆满了因病致贫的负面产物——质量堪忧的便宜货。如今，她还要支付学费，经济状况堪忧。

X 小姐坚信她的身材让她格外引人注目，因而她总是穿着破旧的衣服以避免他人更多的关注。

因为不知道如何协调地搭配单品，更担心犯错出丑，她的衣橱看起来分崩离析，一盘散沙。

大多衣服都是休闲的款式——运动装、T 恤和工装制服。

如今，她过着一眼能望到头的生活，枯燥重复，也提不起精神做出任何改变。

制定规划：规划出理想的衣橱和生活

X 小姐打算在开学之前，和朋友们好好聚聚。

她渴望提升自己的社交技巧，尤其是培养结交新朋友的能力。

她希望自己少去顾虑因为身材在人群中引发的关注。

她想尝试更成熟的打扮，在经典中孕育一丝风格。

她还喜欢穿一些舒适柔软但不邋遢的休闲服饰。

她想添置些既能够遮住胸部又不至于彻底掩盖身材优势的衣服。

做出改变：哪些需要淘汰？哪些需要保留？哪些需要添置？

X 小姐不断进行练习，实践新习得的社交技巧，比如，读懂他人的潜台词，识别到自己的非言语特征、身体动作、眼神交流、走路姿态，并提高了自我介绍、提问开放性问题、持续交流和结束对话的技巧。

她给自己列出了社交能力提升待办事项，包括要在开学前做东举行派对，并计划在周末跟朋友们聚一聚。

她开始在一些社交平台上出现，增加和朋友的联系。

通过角色扮演，她学会了如何在陌生人异样的注视或疑惑下，落落大方地解释自己的健康问题。

她开始添置稍贵一点、品质更精良的单品，长期来看，这样购物更加经济实惠。

为了让自己不要总为体重所扰，她挑选了洋娃娃风的衣服——苗条的部位刚好合身，还盖住了稍胖的部位。

她学会选择柔软舒适的（棉质平纹针织）面料，既舒服又贴身。

在颜色方面，她选择了宝石色调，这让她在人群中独具一格，又不会显得太过高调。

她根据自己的胸部尺寸购买了合适的内衣，在深 V 的上衣下搭配打底背心，性感又不暴露。

借助主题穿衣法，她成功地避免了搭配错误，确定了宝石色调的修身流线型风格和经典版型搭配碎褶、平褶或编织装饰元素的穿法。

她学会了如何挑选经典的款式，并找到时尚的配饰，尽显成熟韵味。

继续探索：对改变进行反思

扬长避短

X 小姐认识到，如果对自己的某个部位不满意，可以扬长避短。很多女性对自己下半身不甚满意，就把焦点集中在腰部、手臂等部位，突出自己的优点。

她学会了让身形看起来更匀称的技巧。X 小姐属于上宽下窄的身材，于是尽量穿粗跟鞋和靴子。根据这一原则，上窄下宽的人应尽量选择有袖的设计、肩部褶皱的上衣或者立体剪裁的西装。

X 小姐找到了对身材焦虑的根源，梳理出真正的问题，放下了想象中的恐惧。

物尽其用

X 小姐给现有的衣橱存货降级——她可以继续穿以前的衣服，但仅限于休闲场合。

她开始更多地尝试适合多种场合的单品，比如白天去公园和晚上去看电影都可以穿的上衣。

她学会巧用配饰来给一身打扮升调或降调。例如白天戴的是俏皮缤纷的塑料手镯，而晚上才会穿金戴银。

她购置了一些品质更高、持久耐穿的经典衣装，学会用公式来计算它们的穿着成本：穿着成本＝购入价格 ÷ 穿着次数。

用崭新的状态迎接校园生活

随着 X 小姐社交能力的提升，她开始参与到更丰富的活动中去，精神面貌也焕然一新。她的着装体现出积极的变化，这种变化又继续反向滋养她内在的改善。

第一印象十分重要。X 小姐如今的打扮让人一眼看上去就知道，她是个珍惜自己的人。

她渐渐地适应了人们的目光，即使不能成为焦点，至少也不会刻意让自己失去存在感。

作为一个与病魔长期作战的人，她值得拥有打扮得光鲜亮丽的机会，抚慰自己的内心，享受治愈人心的衣橱所带来的呵护和奖赏。

展望未来：下一步呢？

X 小姐将会参加培训，提升自己的公共演说技巧。

在学校，她会参加感兴趣的社团，并在安全区结识新朋友。

在发展自己的兴趣爱好之余，她会主动邀请其他人加入她的行列。

她的打扮依然时尚而不失典雅，并且将更多地尝试修身牛仔裤搭配马靴或平底鞋的穿法。

她还为一些正式的场合准备了更成熟的装扮：一条能同她所有的上衣、靴子、平底鞋、高跟鞋搭配的黑色半身裙。

她会经常穿着裸色薄杯内衣，既能最大限度承托胸部，又能尽量弱化视觉焦点。

她还计划根据需求购买帽子、手套、丝袜、打底裤、手镯、耳环、手包等配饰。

[1] J. R. Cornelius, M. Tippmann-Peikert, N. L. Slocumb, C. F. Frerichs, and M.H. Silber, "Impulse Control Disorders with the Use of Dopaminergic Agents in Restless Legs Syndrome: A Case-Control Study," *Sleep* 33(1, 2010): 81–87.

[2] CreditCardHub, "Q2 2011 Credit Card Debt Study," http://www.cardhub.com/edu/q2–2011-credit-card-debt-study (accessed November 21, 2011).

[3] D. Kurt, J. J. Inman, and J. J. Argo, "How Friends Promote Consumer Spending," *Journal of Marketing Research* 38(August 2011): 741–754.

[4] B. Wansink, *Mindless Eating: Why We Eat More Than We Think* (New York:Bantam Dell, 2006).

[5] D. W. Black, "A Review of Compulsive Buying Disorder," *World Psychiatry* 6(1, February 2007): 14–18.

[6] US Census Bureau, "Median and Average Square Feet of Floor Area in New Single-Family Houses Completed by Location," http://www.census.gov/const/C25Ann/sftotalmedavgsqft.pdf (accessed November 26, 2011).

[7] Mayo Clinic, "Hoarding: Definition," http://www. mayoclinic.com/health/hoarding/DS00966 (last modified May 25, 2011).

[8] J. O. Prochaska and W. F. Velicer, "Behavior Change: The Transtheoretical Model of Health and Behavior Change," *American Journal of Health Promotion* 12(1998): 38–48.

[9] Mayo Clinic, "Hoarding: Symptoms," http://www. mayoclinic.com/health/hoarding/DS00966/DSECTION= symptoms (last modified May 25, 2011).

[10] Mayo Clinic, "Hoarding: Risk Factors," http://www. mayoclinic.com/health/hoarding/DS00966/DSECTION= risk%2Dfactors (last modified May 25, 2011).

[11] S. W. Anderson, H. Damasio, and A. R. Damasio, "A Neural Basis for Collecting Behavior in Humans," *Brain* 128(pt. 1, January 2005): 201–212; published online November 17, 2004.

[12] N. Bunzeck and E. Duzel, "Absolute Coding of Stimulus Novelty in the Human Substantia Nigra/VTA," *Neuron* 51(2006): 369–379.

[13] A. Bandura, *Social Learning Theory* (Englewood Cliffs, NJ: Prentice-Hall, 1977).

[14] T. R. Kinley, "Clothing Size Variation in Women's Pants," *Clothing and Textiles Research Journal* 21(1, 2003): 19–31.

[15] American Psychiatric Association (APA), *Diagnostic and Statistical Manual of Mental Disorders*, 4th ed., rev. (Washington, DC: APA, 2000).

[16] Katharine A. Phillips, MD, *The Broken Mirror: Understanding and Treating Body Dysmorphic Disorder* (New York: Oxford University Press, 2005).

[17] B. M. Newman and P. R. Newman, *Development Through Life: A Psychosocial Approach* (Belmont, CA: Wadsworth Cengage Learning, 2006).

[18] Y. L. Hanin, "Emotions and Athletic Performance: Individual Zones of Optimal Functioning," *European Yearbook of Sport Psychology* 1(1997): 29–72.

[19] T. H. Holmes and R. H. Rahe, "The Social Readjustment Rating Scale," *Journal of Psychosomatic Research* 11(2, 1967): 213–218.

[20] N. Garcia, *The One Hundred: A Guide to the Pieces Every Stylish Woman Must Own* (New York: HarperCollins, 2008).

[21] A. Bandura, *Social Foundations of Thought and Action: A Social Cognitive Theory* (Englewood Cliffs, NJ: Prentice-Hall, 1986).

[22] S. Piver, *The Hard Questions: 100 Essential Questions to Ask Before You Say "I Do"* (New York: Tarcher/Putnam, 2000).

图书在版编目（CIP）数据

你穿对了吗？：女性衣着管理指南 / (美) 詹妮弗·鲍姆嘉特纳著；
高晓津译. — 北京：商务印书馆，2020
ISBN 978-7-100-18334-5

Ⅰ.①你… Ⅱ.①詹… ②高… Ⅲ.①女性－服饰美学－指南
Ⅳ.①TS973.4-62

中国版本图书馆CIP数据核字（2020）第057965号

你穿对了吗？ —— 女性衣着管理指南

(美) 詹妮弗·鲍姆嘉特纳　著
高晓津　译

出版发行	商务印书馆	
地　　址	北京王府井大街36号	
邮政编码	100710	
印　　刷	天津联城印刷有限公司	
开　　本	880×1230　1/32	
印　　张	9 ¼	
版　　次	2020 年 6 月第 1 版	
印　　次	2020 年 6 月北京第 1 次印刷	
书　　号	ISBN 978-7-100-18334-5	
定　　价	58.00元